재밌어서 밤새 읽는

공룡 이야기

재밌어서 밤새 읽는

공룡 이야기

히라야마 렌 지음 | 김소영 옮김 | 임종덕 감수

더숲

나는 이 책의 저자와 세계척추고생물학회에서 몇 번 만나 공룡
연구에 대해 의견을 나눈 적이 있습니다. 그는 거북을 중심으로
초기 파충류를 연구하고 직접 현장에서 화석을 발굴하는 학자로,
이 책에서는 공룡과 관련된 재미있는 에피소드와 질문들을 모아
과학적으로 설명하고 있습니다.

궁금증이 계속 생겨나는 질문을 제시하고, 그 질문에 대한 답
을 찾아가면서 의문점을 하나씩 풀어나가는 형식이라, 읽으면 읽
을수록 공룡의 세계로 빠져들게 됩니다. 최신 연구 성과를 소개
하는 내용도 포함되어 있으며, '왜 그럴까?'라는 질문을 끊임없
이 던져주어 과학적 사고를 하도록 도와줍니다.

'공룡의 배설물을 먹는 악어 이야기', '공룡 시대에 살았던 공

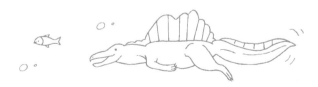

룡 친구들 이야기', '박치기 공룡은 박치기를 할 수 없었다!', '거대 운석 충돌로는 공룡이 사라지지 않았다!' 등 기존에 알려진 학설을 뒤집는 흥미로운 이야기가 담겨 있기에, 여러분은 공룡에 대한 무궁무진한 상상력을 펼칠 수 있습니다.

이 책에서 새롭게 밝혀지는 공룡들의 세계로 여행을 떠나보시기 바랍니다.

척추고생물학자

임종덕

공룡은 아주 먼 옛날에 멸종했다. 공룡이 살아서 움직이는 모습을 본 사람은 이 세상에 아무도 없다. 그런데 우리는 공룡이 어떻게 생겼는지, 어떻게 생활했는지 무엇으로 알아낼 수 있었을까? 그것은 화석에서 얼마 되지 않는 단서를 찾아 현재 살아 있는 동물과 비교하거나 과학기술로 분석해서 추리한 덕분이다.

많은 책에서 '이 공룡은 이렇게 생겼으며 이런 생활을 했습니다'라고 소개했다. 하지만 이 책에서는 현재 밝혀진 단서를 따라 차근차근 추리해 보려고 하니 수수께끼를 푸는 듯한 재미를 느끼기 바란다.

공룡 이야기는 확실한 사실이라기보다 가설이나 추론이라고 보는 것이 좋다. 가설이나 추론이라면 맞는 이야기도 있지만 틀

린 이야기도 있다는 뜻이다. 다른 책에서 마치 사실인 양 쓰인 이
야기도 맞을 확률이 높은 가설일 뿐이다. 아니, 사실 의심스러운
이야기도 수두룩하다. 이 책에서는 공룡이 멸종한 원인은 물론
일반적으로 옳다고 여겨지는 가설도 신중하게 검토하려고 한다.

새로운 단서가 발견되면 가설이 옳은지 그른지 먼저 검증하는
데, 때에 따라서는 새로운 가설이 또 생겨난다. 새로운 가설은 화
제가 되고 사람들 입에 오르내리지만, 그렇다고 해서 원래 있던
설이 완전히 엎어지는 것은 아니다. 다양한 가설 중 가장 모순 없
이 설명할 수 있는 이야기를 찾아내는 것도 공룡 연구의 묘미다.

현재 공룡 이야기에서 가장 중요한 주제는 공룡이 새와 어떻
게 연관되어 있느냐는 것이다. 새가 공룡에서 진화했다는 이론은
이미 정설로 자리 잡았다. 근래 들어서는 공룡을 다룬 책이나 텔
레비전 방송에도 새처럼 보이는 복원 이미지가 늘어난 것을 볼
수 있다. 공룡의 생김새가 악어와 비슷하다고 배운 이들은 깜짝
놀랄 일이다. 오히려 공룡에 관심이 많거나 최신 정보를 접한 이
들은 공룡이 새와 닮았다는 이야기를 상식으로 여길 것이다.

이 책에서는 공룡이 새와 비슷하기는 하지만 파충류와 같은
성질도 있다는 부분을 강조했다. 새와 관련이 있다는 사실은 자
주 화제에 오르지만 공룡은 역시 파충류의 한 종류다. 나는 공룡
뿐 아니라 거북을 중심으로 하여 초기 파충류 중 하나를 연구한

다. 파충류에는 조류와 마찬가지로 오늘날에도 살아남은 종이 있어 그들의 생태를 직접 눈으로 보고 관찰할 수 있다. 그래서 오늘날 살아 있는 조류나 파충류는 공룡을 연구할 때 중요한 단서가 된다.

공룡의 매력 중 하나로 각각의 종마다 눈으로 구분할 수 있는 독특한 특징이 발달했다는 점을 꼽을 수 있다. 전부터 그런 특징이 개체가 살아남는 데 어떤 용도로 쓰였는지 다양하게 추측해 왔다. 이 책에서는 '핸디캡 이론'을 바탕으로 그러한 특징도 살펴본다. 자세한 내용은 본문에서 소개하겠지만, 이 이론은 동물의 특징이 개체의 생존이 아니라 종의 존속을 위한 것이라고 본 점에 의의가 있다.

나는 전 세계에서 발굴 조사를 하는데, 일본에서는 특히 이와테현 구지층군(久慈層群) 조사에 주력하고 있다. 여기에는 발굴 현장의 모습과 최신 정보까지 수록했다.

이제 《재밌어서 밤새 읽는 공룡 이야기》의 세계로 함께 들어가 보자.

차례

2장 상식을 뒤집는 공룡 이야기

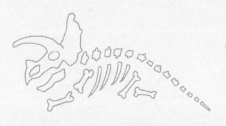

1장

지금까지 밝혀진
인기 공룡 이야기

공룡은 '날지 않는 새'

공룡은 어떤 동물인가

많은 사람이 공룡이라는 말을 들으면 떠올리는 이미지가 있다. 그런데 '공룡에게는 어떤 특징이 있을까?'라는 질문에 제대로 설명할 사람이 몇이나 될까? 여기서는 공룡이 대체 어떤 동물인지 그 정의를 차근차근 풀어보려고 한다. 공룡을 구별하는 요소에는 다음 세 가지 포인트가 있다.

① 뒷발로 서서 걷는다
② 알이 껍데기로 둘러싸여 있다

③ 원시 깃털이 있다

'공룡이 이렇다고?' 하는 생각이 들 수도 있다. 그럼 하나씩 살펴보자.

공룡의 정의 ① 뒷발로 서서 걷는다

초기 공룡이 모두 뒷발로 서서 걸었다는 사실은 골격을 보면 알 수 있다. 후기 공룡 중에는 네 발로 걷는 공룡도 많은데, 그들 역시 중심은 뒷발에 두고 앞발은 보조로 썼을 뿐이다. 네 발로 걷는 공룡의 발자국을 살펴보면, 체중이 대부분 뒷발에 실렸다는 사실을 쉽게 추측할 수 있다.

뒷발로 체중을 단단히 받칠 만큼 균형이 잡힌 이유는 공룡의 골반과 다리가 독특하게 붙어 있기 때문이다. 파충류의 일종인 공룡은 도마뱀, 악어 등 다른 파충류와 달리 골반과 다리가 특이하게 붙어 있다. 다른 파충류는 골반의 관골구라 불리는 부분이 얕게 파였지만 공룡은 뼈의 테두리가 없이 뚫려 있고, 거기에 대퇴골(넙적다리뼈)이 쏙 끼인 구조로 되어 있다.

또한 다른 파충류는 다리가 몸의 가로 방향으로 뻗어 자연스레 기어가는 자세를 취하게 되는 데 비해 공룡은 다리가 몸 아래를 향해 곧게 뻗어 있다. 이런 식으로 다리가 붙어 있는 것을 '직

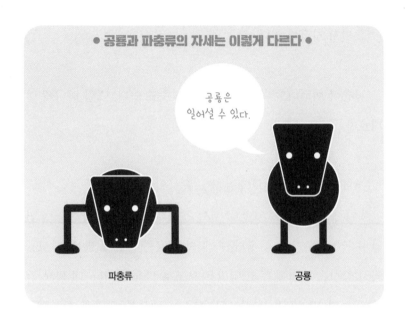

공룡과 파충류의 자세는 이렇게 다르다

공룡은
일어설 수 있다.

파충류   공룡

립'이라고 한다.

이 두 가지 특징으로 공룡은 체중을 뒷발에 한껏 싣고 더 효율적으로 재빠르게 이동할 수 있게 되었다. 이는 공룡이 건조한 육지 생활에 더 적응하기 쉽도록 진화했기 때문이라고 추측된다.

공룡의 정의 ② 알이 껍데기로 둘러싸여 있다

공룡의 알은 단단한 껍데기로 싸여 있다. 이는 공룡이 수분이 부족한 육지에서 살아가기 위해 획득한 특징 중 하나다. 알 속에 생긴 새로운 생명에게는 끊임없이 바깥 공기가 필요하다. 바깥 공기는 알을 보호하는 막을 통과해 내부의 수분으로 스며든다.

어류나 양서류는 물속에서 알을 낳으므로 물속에 녹아 있는 공기를 받아들여 호흡을 한다. 파충류는 알을 감싸는 부드러운 막 안쪽에 기체만 들여보내고 액체는 막는 '양막'을 발달시킴으로써 육지에서 알을 낳을 수 있게 되었다.

이렇게 부드러운 막으로 둘러싸인 알은 지금 시대의 도마뱀이나 뱀의 알과 같은 계통이라고 할 수 있다. 원시 포유류인 오리너구리나 가시두더지도 부드러운 막으로 싸인 알을 낳는다. 공룡이 등장하기 전 이미 포유류의 조상인 파충류가 널리 번식했는데, 그들의 알은 화석으로 남아 있지 않다. 알이 얇은 막으로 둘러싸여 아주 부드럽다 보니 화석으로 남기가 어렵지 않았을까?

파충류는 육지에서 알을 낳을 수 있게 되었지만, 공룡이 등장한 시대는 기후가 상당히 건조했다. 막이 부드러우면 알이 말라 비틀어지므로 공룡알은 칼슘이 많은 딱딱한 껍데기에 둘러싸여 진화했다고 할 수 있다. 기체는 껍데기도 통과할 수 있으므로 알 속에 있는 생명은 육지에서 공기를 받아들일 수 있었다.

공룡과 가까운 파충류인 악어나 거북도 딱딱한 껍데기에 싸인 알을 낳는데, 이들은 모두 공룡과 거의 같은 시대(약 2억 3,000만 년 전)에 등장했다.

공룡의 정의③ 원시 깃털이 있다

최근 공룡에게 원시 깃털이 있었다는 사실이 밝혀졌다. 초기의 원시적 공룡에게도 이러한 깃털이 있었다는 사실로 미루어볼 때 깃털은 공룡이 처음 나타난 시점부터 있었을 가능성이 높다.

최초의 깃털은 체온을 유지하기 위해 발달한 것으로 보인다. 몸집이 크면 체온 변화가 잘 일어나지 않기 때문에 몇몇 공룡은 성장해서 몸이 커졌을 때에야 깃털이 빠졌을 것이다. 이처럼 일부 공룡은 최소한 몸 일부가 깃털로 덮인 동물이었다고 추측된다. 따라서 현재 공룡을 정의할 때 공룡에게 깃털이 있었다고 할 수밖에 없게 되었다.

공룡의 정의에 꼭 들어맞는 또 다른 동물

이상 공룡의 세 가지 특징은 사실 새의 특징이기도 하다. 이 정의로 미루어보면 공룡은 하늘을 날지 않았을 뿐 새의 원래 모습이었다고 할 수 있다. 즉 공룡은 '하늘을 날지 않는 새'였다. 공룡 가운데 일부는 머지않아 하늘을 날게 되면서 진화했다. 현재 우리가 주변에서 흔히 보는 새들은 모두 공룡의 자손인 셈이다. 반대로 공룡 중에는 원래 하늘을 날았는데 몸집이 커지면서 날지 않게 된 타조 같은 종류도 있지 않았을까 추측해볼 수 있다.

공룡의 종류

공룡의 종류는 지금까지 발견된 것만 해도 1,000종이 훌쩍 넘는다. 게다가 지금도 해마다 평균 약 50종씩 새로운 종류가 보고되고 있다. 이렇게 종류가 많은 공룡을 진화 흐름이 비슷한 것들끼리 그룹을 지어 정리하려고 한다. 공룡 그룹은 다양한 방법으로 분류할 수 있는데, 여기서는 그중에서도 대표적 분류법을 쓰겠다.

공룡은 골반(엉덩이뼈) 형태에 따라 '용반류'와 '조반류' 두 가지 그룹으로 나눌 수 있다. 용반류는 도마뱀처럼 치골이 몸 앞쪽

● 용반류와 조반류 ●

[← 머리]

장골
치골
좌골

용반류의 골반

[← 머리]

장골
치골
좌골

조반류의 골반

으로 향하는 그룹이고, 조반류는 새처럼 치골이 몸 뒤쪽으로 향하는 그룹이다. 용반류는 다시 '수각류'와 '용각류'로 나눌 수 있다. 수각류는 두 발로 걷는 공룡으로 대부분 육식이나 잡식으로 추정하며, 그중 일부는 새로 진화했다.

용각류는 긴 목과 긴 꼬리에 몸통이 커다랗게 부풀어 몸집이 크고 무거워서 네 발로 걷도록 진화했다. 그러나 원시 용각류라 불리는 초기 그룹은 비교적 몸집이 작았으므로 두 발로 걸었다. 이들 용각류와 원시 용각류를 다른 계통으로 여겨서 둘을 합쳐 '용각형류'라고 할 때도 있지만, 이 책에서는 '용각류'라는 그룹으로 다루겠다.

조반류는 '검룡류', '곡룡류', '조각류', '각룡류', '후두류'로 나눌 수 있다. 검룡류는 등에 골판이나 스파이크가 줄줄이 박혀 있다는 특징이 있다. 곡룡류는 '갑옷 공룡'이라고 불릴 정도로 골판으로 온몸을 무장한 공룡이다.

조각류는 식물을 꼭꼭 씹어 먹을 수 있도록 이빨이 발달했다. 조각류 중 일부는 보통 '오리주둥이 공룡'이라고 불리며, 대부분 머리에 볏이 있다. 각룡류는 대개 머리에 뿔이 나 있지만 뿔이 없는 공룡도 있으며, 모두 앵무새처럼 튼튼한 부리를 가졌다는 공통점이 있다. 후두류는 정수리 부분이 두껍고 튼튼하여 '박치기 공룡'이라고도 불린다.

이들은 서로 헷갈리기 쉬운데, 현대까지 살아남아 조류로 진화한 공룡은 조반류도 조각류도 아닌 용반류, 그중에서도 수각류의 일부다.

 **종(種), 속(屬), 류(類)**

생물을 나누는 기본 단위를 '종(種)'이라고 한다. 같은 종끼리는 번식이 가능하며 종이 다른데 교잡하는 경우도 있다. 아주 가까운 종끼리 모은 그룹은 '속(屬)'이라고 한다. 예를 들면 사

● 공룡의 분류도 ●

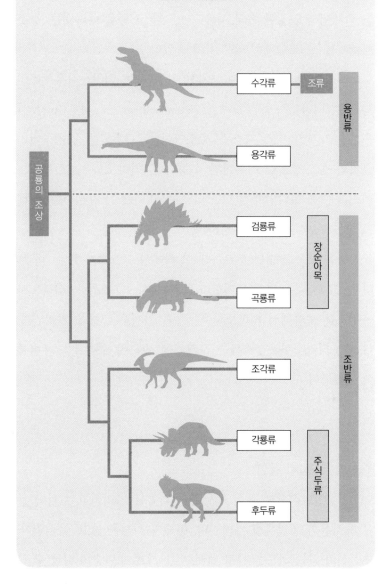

- 수각류 — 조류 ┐ 용반류
- 용각류 ┘

공룡의 조상

- 검룡류 ┐ 장순아목
- 곡룡류 ┘
- 조각류
- 각룡류 ┐ 주식두류
- 후두류 ┘

조반류

자, 호랑이, 표범은 같은 속으로 분류되는 다른 종이다. 각 종에는 학계에서 인정한 속의 이름('속명')과 그 종을 나타내는 '종소명(種小名)'을 조합해서 만든 학명이 있다.

우리가 영화나 애니메이션에서 자주 보는 티라노사우루스의 학명은 '티라노사우루스 렉스(*Tyrannosaurus rex*)'다. '티라노사우루스'가 속명이고 '렉스'는 종소명이다. 'T렉스'는 속명의 머리글자와 종소명으로 이루어진 속칭이다. 티라노사우루스속에는 렉스라는 종 하나밖에 없지만 타르보사우루스는 같은 속이라 해도 좋을 만큼 생김새가 흡사하다.

공룡은 보통 속명만 부르는데 이 책에서도 그렇게 했다. '속'보다 큰 그룹은 '류'라고 표기한다. '티라노사우루스류'는 티라노사우루스를 포함해서 티라노사우루스와 가까운 그룹을 가리킨다. 나아가 티라노사우루스류는 수각류에 속하며 수각류는 용반류에 포함된다.

 공룡의 식성

일반적으로 육식 공룡은 수각류를 가리키고 초식 공룡은 용각류와 조반류를 가리킨다. 공룡의 식성을 놓고 '육식인가, 초식인가'라는 의문을 가질 텐데, 이는 그렇게 단순히 나눌 수 있는 문제가 아니다. 특히 몸집이 작은 공룡 중에는 잡식도 있으니 공룡의 식성이 다양했을 개연성이 크다. 공룡의 식성을 정하는 일이 그리 간단하지 않다는 것도 소개하려고 한다. 예를 들어 거북도 대부분 잡식인데, 그중에서 순수한 육식 거북이나 순수한 초식 거북은 그 수가 적다. 인간을 대입해 봐도 그렇지만 무엇이든 잘 먹어야 생존에 유리하다는 사실은 굳이 설명할 필요도 없다.

공룡이 살았던 시대

공룡은 1억 6,700만 년이라는 아주 오랜 기간 번성했다. 공룡이 활동하는 동안 지구의 규모도 여러 번 바뀌었다. 공룡이 어느 시대에 어떤 환경에서 살았는지 이해하면 공룡이 살았던 그 시대 풍경을 쉽게 상상할 수 있다.

공룡은 중생대라 불리는 지질 시대에 살았다. 중생대는 다시 트라이아스기(약 2억 5,100만 년 전~약 2억 100만 년 전), 쥐라기(약 2억 100만 년 전~약 1억 4,500만 년 전), 백악기(약 1억 4,500만 년 전~약 6,600만 년 전)로 나뉜다. 공룡은 트라이아스기 후기에 등장해서 쥐라기부터 백악기에 걸쳐 크게 번성했고, 백악기가 끝날 무렵 멸종했다.

공룡이 등장했을 즈음 지구의 육지는 판게아라고 해서 하나의 거대한 대륙이었다. 육지가 많았으므로 건조하고 추울 때와 더울 때 기온 차이가 심했다고 추측된다. 쥐라기에 접어들어 판게아대륙이 분열되자 공룡들은 분열된 각 대륙에서 독자적으로 진화하면서 점점 다양해지고 거대해졌다. 백악기에는 대륙의 분열이 더 진행되면서 지역에 따라 각각 특징이 다른 공룡이 진화를 거듭했다.

공룡 시대에 살았던 다른 생물들

공룡이 살았던 시대에 바다에는 플레시오사우루스 등 수장룡류, 모사사우루스 등 모사사우루스류, 이크티오사우루스 등 어룡류와 그 밖의 생물이 살았다. 수장룡류는 고래처럼 지느러미의 힘으로, 모사사우루스류는 바다뱀처럼 몸을 구불거리면서, 어룡류는 다랑어처럼 몸 전체를 좌우로 흔들면서 헤엄쳤다고 추측된다. 하늘에는 프테라노돈 등 익룡이 살았다. 익룡은 박쥐처럼 날개막을 이용해 하늘을 날지 않았을까 추측된다. 이들은 모두 공룡과는 계통이 다른 파충류에 속할 뿐 공룡 계열은 아니다.

공룡이 번성한 시대에 포유류는 대부분 쥐 정도 크기밖에 되지 않아서 공룡을 피해 도망 다니는 존재였는데, 백악기 후기쯤 다양화가 진행되면서 그 수를 늘렸다. 반면 공룡은 점점 다양성을 잃은 것으로 추측된다.

식물은 대부분 소철 등 겉씨식물이나 양치식물이었다. 백악기 전기에 꽃을 피우는 피자식물이 나타나면서 백악기 후반에는 피자식물이 세력을 넓혀나갔다. 피자식물의 꽃가루를 옮기는 곤충이 피자식물과 영향을 주고받으면서 진화했기에 피자식물이 번성할 수 있었던 것으로 보인다.

여기까지 공룡 이야기를 하기에 앞서 알아두면 좋을 기초지식을 설명했다. 이제 공룡 하나하나를 자세히 설명하겠다.

티라노사우루스는 어릴 때만 사냥했다

먹잇감을 뼈째 씹어 먹은 최강 육식 공룡

사람들이 공룡이라고 할 때 가장 먼저 떠올리는 티라노사우루스는 백악기 후기에 현재의 북아메리카 지역에서 살았던 초대형 수각류다. 몸길이가 10~13미터로 거대하며 입도 크고 이빨도 두껍다. '폭군 도마뱀'을 뜻하는 그 이름처럼 난폭하고 거대한 파충류의 모습으로 널리 알려졌지만 21세기 들어서 그 몸에 깃털이 있었으리라고 추측하게 되었다.

티라노사우루스 화석에서는 아직 깃털 흔적을 발견하지 못했지만, 조상에 해당하는 여러 육식 공룡 화석에서 깃털이 발견되었기 때문에 티라노사우루스에게도 깃털이 있지 않았을까 추측하게 되었다.

티라노사우루스 몸에 깃털이 어느 정도 나 있었는지는 알 수 없지만 깃털에 체온을 유지하는 효과가 있다는 사실로 미루어보면, 몸이 작은 새끼 때는 복슬복슬하다가 몸이 점점 커지면서 깃털이 줄었다고 추측된다. 한랭지에서 살았던 티라노사우루스류(티라노사우루스와 비슷한 친구들)는 다 자란 후에도 털이 복슬복슬했을 가능성이 있다. 그래도 온몸이 깃털로 덮인 모습은 흉포한 티라노사우루스 이미지에 어울리지 않는 탓인지, 최근에도 영상작품 등에 등장할 때 깃털이 없는 모습으로 그려질 때가 많다.

티라노사우루스에서 가장 먼저 눈이 가는 곳은 유난히 큰 두개골이다. 티라노사우루스는 이빨이 단단하고 두껍고 컸다. 그 커다란 이빨을 활용하기 위해 어쩔 수 없이 머리에 해당하는 부위가 크고 무거워진 것이다.

날카롭지만 칼처럼 가는 이빨은 대개 먹잇감의 뼈에 닿았을 때 세게 힘을 주면 부러지고 만다. 하지만 티라노사우루스는 두께가 있는 특이한 이빨과 강인한 턱과 근육으로 먹잇감을 뼈째 씹어 먹었으니 그야말로 '최강' 육식 공룡이 아닐 수 없다. 게다가 1년에서 몇 년에 한 번씩 이갈이를 했을 것으로 추측된다.

작은 앞발은 왜 있었을까

티라노사우루스에서 또 눈길을 끄는 곳이 있는데, 바로 커다란 머리나 다부진 뒷발에 비해 부자연스러울 정도로 작은 데다가 발가락도 두 개밖에 없는 앞발이다. 이렇게 작으면 먹잇감을 짓누르거나 음식을 입으로 가져가거나 몸을 일으킬 때 지탱하는 등 팔이나 손의 기능을 하지 못한다. 그래도 발가락에 발톱까지 난 발이 달려 있는 데는 무슨 이유가 있을 것이다.

여기서 타조나 키위 등 날지 못하게 된 새가 실마리를 준다. 사실 날지 못하는 새와 티라노사우루스의 골격은 몸에 달린 앞발의 비율이 아주 비슷하다. 타조나 키위의 앞발은 퇴화해서 아주 작은데도 끝에 발톱이 나 있다.

대부분 앞발이 발달하면서 날개가 생겼을 거라고 추측하는데, 하늘을 나는 새의 앞발에는 보통 발톱이 없다. 즉 타조나 키위는 날지 못하게 되면서 후천적으로 앞발에 발톱이 발달한 것이다. 그렇다면 발톱은 무슨 역할을 했을까? 발톱은 이성에게 구애할 때 많이 쓰이므로 번식기에 수컷이 춤을 추듯이 날개나 발톱을 움직여 암컷을 유혹하거나 서로의 몸을 만질 때 쓰였을 것이다.

티라노사우루스의 작은 앞발이나 발톱도 비슷한 역할을 했다고 추측된다. 어깨뼈가 다부져서 앞발을 어느 정도 격하게 흔들 수 있었을 것이다. 앞발에는 멀리서도 눈에 띌 만큼 복슬복슬한

• 티라노사우루스 •

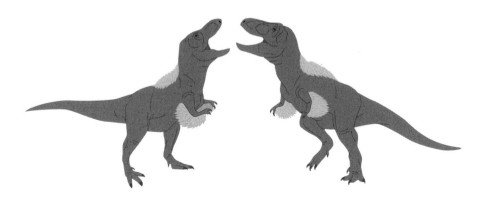

깃털이 나 있는데, 그 발톱이나 깃털 달린 앞발을 치어리더의 수술처럼 흔들며 번식기에 구애하지 않았을까?

원시 티라노사우루스와 비슷한 공룡은 새처럼 발가락이 세 개인 데 비해 티라노사우루스의 발가락은 두 개다. 진화하면서 머리가 점점 무거워진 탓에 몸의 균형을 잡으려면 꼬리가 무거워지거나 머리 말고 다른 곳이 가벼워질 수밖에 없었다. 그래서 앞발을 조금이라도 가볍게 하려고 발가락 수가 줄었으리라고 본다.

물건을 잡을 수 없다면 발가락이 굳이 세 개나 있을 필요는 없다. 참고로 키위에게는 발톱이 달린 발가락이 구애용으로 딱 하나만 있다. 티라노사우루스의 자손이 더 진화했다면 발가락이 하나만 남았을지도 모른다. 그전에 멸종했지만 말이다.

새끼는 사냥꾼, 어미는 청소 동물?

티라노사우루스 하면 '저돌적인 사냥꾼'이라는 이미지가 있다. 몸 크기가 몇 미터 정도밖에 되지 않는 어린 티라노사우루스는 골격이 가늘고 몸 전체가 늘씬했다. 몸 크기에 비해 뇌 크기는 새에 가깝고 발도 날쌔서 매우 활발한 사냥꾼으로서 공룡의 새끼나 포유류 등을 쫓아다니며 잡아먹었으리라고 추측된다. 시속 50~70킬로미터 정도로 달리는 타조만큼 빨랐을지도 모른다. 한창때는 뇌 안에서 시각과 관련된 부분이 매우 발달해 움직이는 먹잇감을 눈으로 쫓아 잡는 데 탁월했다.

초식 공룡 화석에는 티라노사우루스의 이빨 모양과 일치하는 상처가 나 있는 것이 있다. 그중에는 상처가 나은 흔적으로 보이는 것도 있다. 이는 초식 공룡이 티라노사우루스에게 물린 뒤에도 살아 있었다는 뜻이며, 티라노사우루스가 살아 있는 먹잇감을 덮쳤다는 사냥의 증거라고 볼 수 있다.

티라노사우루스를 포함해서 많은 공룡은 평생 몸이 계속 자랐다. 반면 뇌 크기는 거의 변하지 않았으므로 커지는 몸에 비해 뇌 크기는 점점 작아졌는데, 이는 우리 시대의 파충류와 같다.

몸 크기가 10~13미터인 어미 티라노사우루스는 너무 큰 몸집에 비해 뇌 크기가 작았던 탓에 활발하게 움직이며 사냥할 수 없게 되었다. 코끼리가 빨리 걷는 속도인 시속 10킬로미터 정도밖에 움직이지 못했을 것이다. 그 대신 뇌에서는 후각과 관련된 부분이 발달해 몇 킬로미터 떨어진 곳에 있는 사체의 냄새도 맡을 수 있었을 것이다. 자기 영역이 몇십 제곱킬로미터 정도 있었다면, 그 안에서 매달 사체가 한두 개는 나왔을 것이다. 그러면 어미는 천천히 걸어가 사체를 확보해서 먹었으리라고 추측된다.

티라노사우루스를 포함한 공룡은 대부분 평생 몸이 몇십 배나 커졌다. 그 때문에 종류가 같은 공룡이라도 어느 성장 단계에 있느냐에 따라 식생활 등 생태가 매우 달라졌다. 그것이 바로 공룡이라는 동물의 큰 특징 중 하나라고 볼 수 있다. 그와 관련된 이야기는 3장에서 자세히 하겠다. 참고로 몸이 커지면 주로 사체를 먹게 되는 습성(청소 동물)은 코모도왕도마뱀에서도 나타난다.

실컷 먹은 다음에는 에너지를 낭비하지 않으려고 휴식을 취했다. 어미 티라노사우루스는 배불리 먹고 나면 그것을 소화하기 위해 한 달 정도 시간을 들였을 것이다. 티라노사우루스의 배는 크게 부풀어 있었으므로 위장도 거대해서 음식물을 많이 저장할 수 있었으리라고 추측된다.

이렇게 몸집이 크다 보니 한번 누웠다 하면 일어나기가 쉽지 않았으므로 양발을 땅에 대고 쉴 수밖에 없었다. 잠잘 때도 마찬가지다. 티라노사우루스를 포함한 수각류는 대개 무릎이 유연해서 쭈그려 앉을 수 있었다. 특히 티라노사우루스는 치골 아래쪽이 두껍게 발달해서 무릎을 깊게 구부리면 거기에 걸터앉듯이 앉을 수 있었으므로 다리 근육에 부담을 주지 않고 쉴 수 있었다.

우리가 흔히 티라노사우루스가 쭈그리고 앉아 있는 모습을 '먹잇감을 기다리는 자세'로 해석하는 것은 티라노사우루스의 사냥꾼 이미지 때문일까?

트리케라톱스는 머리가 무거워서 달리지 못한다

투구를 쓴 듯한 머리를 가진 인기 있는 초식 공룡

인상 깊은 생김새로 인기가 높은 트리케라톱스는 백악기 후기에 북아메리카 지역, 즉 티라노사우루스와 같은 시대에 같은 지역에서 살았던 최대급 각룡류다. '뿔이 3개 달린 얼굴'을 뜻하는 이름이 나타내듯이 코에서 두껍고 짧은 뿔이 하나, 눈 위에서 긴 뿔이 두 개 뻗어 있다. 머리 뒷부분에는 커다란 프릴이 달려 있고 입 앞쪽에는 두꺼운 부리가 발달했다. 부리로 뜯은 식물을 재단기 같은 이빨로 잘게 잘랐으리라 추측된다. 몸 크기가 코끼리 정도 된다는 사실을 감안하면 주변에 있는 식물을 마구

잡이로 입에 넣었을 것이다.

몸길이는 8~9미터, 몸무게는 10톤 전후로 추정되며 머리 크기는 최대 260센티미터나 된다. 무게가 1톤 가까이나 되는 거대한 머리를 위로 치켜드는 것은 불가능했으므로 키가 큰 식물은 먹지 못했을 것이다. 머리뼈에는 빈 곳이 거의 없고 목뼈는 서로 붙어서 마치 짧은 통 같았다. 이는 머리가 너무 무거워 목을 자유롭게 움직이지 못했다는 사실을 증명한다. 거대한 머리 속에는 크기가 귤 정도밖에 되지 않는 뇌가 들어 있었다.

방어력과 공격력이 모두 뛰어날 것만 같은 무시무시한 생김새의 초식 공룡 트리케라톱스와 최강의 육식 공룡 티라노사우루스가 같은 시대에 같은 지역에서 살았다면, 둘 사이에 박진감 넘치는 공방전이 펼쳐졌을지도 모른다. 실제로 그런 그림도 많이 있는데, 트리케라톱스와 티라노사우루스는 정말 싸웠을까?

지금의 육식 동물은 덩치가 비슷하고 힘센 동물을 힘으로 몰아붙이지 않는다. 반격당했을 때 위험 부담이 크기 때문이다. 따라서 확실하게 끝장을 낼 확률이 높은 상대, 즉 무리에서 어린 동물, 병들거나 부상당한 개체들을 공격했을 것이다.

티라노사우루스가 아무리 강하다 해도 건강한 트리케라톱스를 막무가내로 덮쳤으리라는 상상은 하기 어렵다. 트리케라톱스는 뿔이 상당히 위협적인 데다가 무리 지어 움직였으므로 그렇게 화려한 격투는 벌어지지 않았을 것으로 보인다.

뿔과 프릴은 이성에게 인기를 얻으려는 것이다?

트리케라톱스가 앞발을 내디딘 자세는 오랫동안 논쟁의 대상이 되었다. 나고야대학 후지와라 신이치 박사는 2009년 트리케라톱스가 팔꿈치를 몸의 바깥쪽으로 향하도록 내밀지 않고, 몸통에 딱 붙이고 구부려서 손등이 바깥쪽으로 향한 채 발가락 세 개로 몸을 지탱했다는 이론을 발표했다. 트리케라톱스의 머리가 유난히 무거웠으므로 그런 자세를 취하게 되었다는 것이다.

이러한 설명으로 미루어보면, 트리케라톱스는 무거운 머리를 아래로 드리운 채 천천히 땅을 기어가듯 걸을 수밖에 없었다. 따라서 코뿔소나 들소처럼 빠르게 달리거나 무서운 기세로 돌진해 상대방 배를 뿔로 들이받을 수 없었다.

이렇게 되면 그 독특한 뿔을 강력한 무기로 썼다는 설명이 왠지 의심스러워진다. 그동안 부러진 뿔이 발견된 적이 거의 없다는 사실에서도 뿔이 부러질 만한 상황을 만들지 않았다는 것을 알 수 있다. 물론 뿔 덕분에 습격을 잘 당하지 않았다는 점은 부정할 수 없을 것이다. 뿔이 달린 다부진 머리를 움직이기만 해도 적에게 상당한 위협이 되었을 테니 말이다.

트리케라톱스에게 뿔이 달린 가장 큰 이유는 이성에게 구애하기 위함이라고 생각된다. 수컷이 개체로서 강하다는 것을 뽐내려는 뜻이 담겨 있으리라고 추측되는데, 수컷끼리 뿔을 강하게 부딪치거나 찌르지는 않고 서로 보여주기만 하거나 밀어내며 힘겨루기를 한 정도로 보인다.

트리케라톱스의 작은 뇌는 그들이 쓸데없이 움직이지 않았다는 것을 암시한다. 프릴도 마찬가지로 구애에 사용했을 것이다. 이성의 관심을 끌기 위한 패션 아이템인 것이다. 따라서 그들의 생김새가 우리 눈에도 개성 있게 보이는 이유가 수긍이 간다.

거대 공룡의 대명사

목과 꼬리가 긴 브라키오사우루스는 쥐라기 후기에 북아메리카나 아프리카에서 살았던 용각류다. 아프리카에서 발견된 브라키오사우루스는 지라프타이탄이라는 다른 이름으로 불리면서 브라키오사우루스가 아닌 것으로 학계에서 공식적으로 발표했지만 여기서는 같은 속으로 취급하겠다.

브라키오사우루스는 거대한 몸집이 가장 큰 특징이다. 몸길이는 약 25미터로 흰수염고래와 견주어도 손색이 없으며, 목 길이만 무려 9미터에 이른다. 용각류는 수많은 발자국이 한곳에서 발

● 브라키오사우루스 ●

견되는 것으로 보아 크게 무리 지어 이동한 것으로 추정된다. 이렇게 거대한 육상 동물이 수십 마리씩 무리로 이동했으니 위압감이 어마어마했을 것이다.

브라키오사우루스 말고도 몸길이가 20미터가 넘는 마멘키사우루스나 디플로도쿠스 같은 용각류도 처음부터 몸이 거대했던 것은 아니다.

가장 오래된 공룡으로 용각류의 조상이라고 하는 에오랍토르는 몸길이가 2미터 정도밖에 되지 않았다. 에오랍토르 등 최초용각류는 몸집이 작고 두 발로 걸었으며 몸이 깃털로 덮여 있었던 것으로 추측된다. 그러다 점점 몸집이 불어나면서 네 발로 걷게 되었고, 깃털이 없어도 체온을 유지할 수 있게 되면서 숱이 점점 줄었을 것이다. 다 자라서 몸집이 거대해지기 전 막 알을 깨고 나온 새끼는 자그마한 시바견 크기 정도밖에 되지 않으므로 보온을 위해 깃털이 났을 가능성이 있다.

용각류는 대부분 앞다리보다 뒷다리가 긴 반면 브라키오사우루스는 앞다리가 뒷다리보다 더 길다. 이것도 이성을 유혹하기 위해 실제 몸집보다 키가 크고 거대하게 보이려는 것이라고 추측된다. 브라키오사우루스는 또한 머리 윗부분이 볼록 튀어나왔는데 여기에 콧구멍이 있었던 것 같다. 주둥이 끝이 아래를 향했으므로 콧구멍은 앞을 향했을 것이다. 최근 용각류 콧구멍은 머리 꼭대기가 아니라 주둥이 앞에 있었다는 설이 나왔는데, 증거는 확실하지 않다.

풍선 같은 목뼈

목을 앞으로 길게 뻗은 브라키오사우루스를 모형으로 만들면 긴 목이 너무 무거워 균형을 잡지 못해 쓰러지고 만다. 실제 브라키오사우루스가 앞으로 쓰러지지 않은 이유는 목이 가벼운 대신 몸 뒤쪽이 무거웠기 때문이다.

브라키오사우루스의 목뼈를 컴퓨터단층촬영(CT)으로 찍어보면 속이 거의 텅 비어 있다는 사실을 알 수 있다. 그래서 목은 아주 가벼운 반면 다리뼈나 꼬리뼈는 속이 꽉 차서 중심이 뒤로 쏠

리는 것이다.

새끼 때는 이 목뼈 속이 꽉 채워져 있는데, 몸이 점점 불어나면서 구멍이 뚫리는 것으로 추측된다. 성장하면서 목뼈 내부 여기저기에 구멍이 생겨 표면이나 내부 구조가 아주 얇아진다. 엽서 두께보다 얇아지는 부분이 있을 정도다. 성장한 브라키오사우루스의 목뼈는 얇은 뼈로 이루어진 풍선이라고 볼 수 있다.

이렇게 뼈가 얇으면 근육을 크게 키울 수 없다. 따라서 기다란 목에는 근육이 거의 없었을 것으로 생각된다. 예전에는 브라키오사우루스의 생김새를 근육이 잔뜩 붙어 목이 두꺼운 모습으로 그렸는데, 그렇게 근육이 많은 상태에서 움직이면 얇은 뼈가 으스러지고 말 것이다.

그렇다면 브라키오사우루스는 어떻게 목을 받쳤을까? 뼈와 뼈를 이어주는 인대는 있었을 테니, 거의 인대만으로 허리에서 목까지 이어지는 뼈를 지탱했을 것이다.

브라키오사우루스 같은 초대형 용각류의 몸은 '출렁다리' 같은 구조였을 것으로 보인다. 출렁다리는 다리 양쪽 끝에 있는 지지대에 와이어를 연결해 다리를 늘어뜨린다. 그와 똑같이 뒷다리와 골반을 지지대로 삼고 와이어에 해당하는 인대로 앞쪽은 목, 뒤쪽은 꼬리까지 뼈를 늘어뜨리는 것이다.

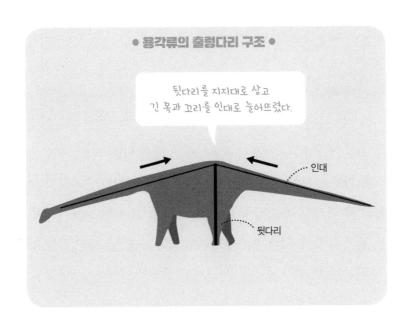

뒷다리를 지지대로 삼고
긴 목과 꼬리를 인대로 늘어뜨렸다.

인대

뒷다리

목에는 근육이 거의 없고 인대만으로 뼈를 지탱했다는 것은 이를테면 고무줄로 풍선을 묶어서 아래로 늘어뜨린 것이나 마찬가지인 상태이다. 따라서 목을 거의 움직일 수 없었을 것이다.

목이 긴 이유

브라키오사우루스는 이처럼 기능성을 희생하면서까지 뼈를 가볍게 하고 근육을 최소한으로 줄였다. 이는 몸을 크게 부풀리고 목의 길이를 강조하려는 것이다. 몸집은 크게, 목은 길게 만들고 싶었던 것이다. 하지만 무거워지면 안 되었으므로 이러한 상태에 이르렀다. 그렇다면 브라키오사우루스는 왜 그렇게 몸집을 크게 하고 목을 길게 해야 했을까.

전에는 높은 나무에 달린 잎을 먹기 위해 목이 길어졌다고 추측했다. 그래서 브라키오사우루스의 긴 목을 기린처럼 수직에 가까운 각도로 들어 올린 모습으로 표현했다. 그러나 근육이 거의 없고 목 관절도 위로 굽힐 수 없는 구조로 되어 있다 보니 머리를 들어 올릴 수 없다. 어깨높이에서 거의 수평으로 유지하는 것이 최선이었으리라 추정된다. 그래도 땅에서 어깨까지 5미터 정도는 되었으므로 목을 굳이 높이 들지 않아도 기린 키와 비슷한 높이에 있는 나무에는 닿았을 것이다.

만약 고개를 높이 들었다면 높은 위치에 있는 머리끝까지 혈액을 보내기 위해 동물이 가질 수 없을 정도로 거대한 심장이 필요했을 테니 여러모로 목을 높이 드는 것은 불가능했다. 반면 물을 마시려면 목을 아래로 숙여야 했으므로 고개를 숙일 만큼의 근육은 목에 붙을 수 있는 구조였다. 목 아래쪽에 있는 근육을 수축해서 고개를 숙였다가 근육을 다시 풀면 자연스레 원래 위치로 돌아가는 식으로 움직였을 것이다.

예전에는 체중 부담을 줄이기 위해 수중에서 생활하고 긴 목과 머리 위에 있는 코를 스노클링하듯 물 밖으로 내어 호흡했다는 설도 있었는데, 지금은 반박당하고 있다. 이 커다란 몸이 목만 드러낸 채 물속에 잠기면 수압이 너무 강해 폐를 부풀리지 못해 호흡할 수 없기 때문이다.

그러나 이동하는 중에 강이나 호수가 나오면 헤엄쳐서 건너는 정도는 할 수 있었다고 추측된다. 예를 들면 코끼리도 몸 구조가 헤엄치기에 알맞지는 않지만 헤엄은 칠 수 있다. 브라키오사우루스도 물에 둥둥 떠서 발을 움직여 앞으로 나아가는 정도는 할 수 있었을 것이다.

결국 목이 길어야 하는 그럴듯한 이유는 보이지 않는다. 오히려 목이 긴 것은 단점으로 작용한다. 목이 9미터나 되면 한 번 호흡할 때 몇십 초나 걸린다. 1분 동안 호흡을 몇 번밖에 할 수 없으니 당연히 격한 운동도 불가능하다. 게다가 음식물이 위에 도착하는 데도 상당한 시간이 걸린다.

그렇다면 대체 목이 왜 그렇게 길었을까? 여기서 새끼 때는 그렇게 목이 길지 않았다는 사실이 힌트가 된다. 새끼 때는 없지만 성장하면 발달하는 특징, 즉 번식을 위해 이성에게 구애하려는 수단으로 볼 수 있다. 이성이나 경쟁자들에게 과시하려는 것이다.

브라키오사우루스의 세계에서는 목이 길수록 이성에게 인기가 있지 않았을까 추정할 수 있다. 그러니 실제 생활에서 장점은 커녕 단점으로밖에 작용하지 않는데도 목이 길게 진화했을 것이다. 2장에서도 설명하겠지만 이성에게 구애하기 위해 얼핏 단점으로 보이는 특징이 발달하는 경우는 사실 흔한 일이다. 이는 인간이 톡톡 튀는 패션으로 이성에게 잘 보이려는 것과 같은 이치이다.

용각류의 대이동

브라키오사우루스를 포함한 용각류는 몸집이 큰 데다가 영양가가 낮고 소화하기 어려운 식물을 주로 먹었으므로 무조건 양으로 승부해야 했다. 그래서 하루 종일 거의 눈도 붙이지 못하고 계속 먹었을 것이다.

야생 코끼리보다 몸집이 훨씬 더 거대하지만 하루는 24시간으로 정해져 있으므로 코끼리보다 식사에 더 많은 시간을 쓸 수는 없었을 것이다. 따라서 용각류의 식사 시간은 코끼리와 비슷한 하루 20시간 정도이지 않았을까 한다. 용각류는 관성항온성이라는 구조 덕분에 먹는 양에 비해 가성비가 좋아서 코끼리보다 몸은 거대하지만 코끼리와 비슷하게 먹고도 몸을 유지할 수 있었다고 추측된다. 관성항온성에 대해서는 2장에서 자세히 설명하겠다.

용각류는 거의 하루 종일 식사만 했으니 주식인 식물이 풍부

한 강가나 해안을 따라 천천히 걸으며 큰 무리를 지어 살았을 것이라고 추측된다. 한곳에 머물면 그곳 식물이 남아나지 않을 테니 강변을 따라 크게 무리 지어 이동했다. 하지만 막무가내로 움직인 것은 아니다. 용각류가 남긴 무수한 발자국이 그러한 생활을 여실히 보여준다.

한 바퀴를 빙 돌고 원래 자리로 돌아올 즈음에는 다시 식물이 자라나 있었다. 그런 식으로 먹이가 끊기지 않도록 합리적인 사이클을 유지한 덕분에 이들은 1억 년도 더 넘게 번성할 수 있었던 것이다.

이렇게 거대한 동물이 무리 지어 이동하면 지나간 자리에는 길이 생긴다. 강변이나 바닷가뿐만 아니라 곳에 따라서는 숲속에도 그들이 지나간 흔적으로 보이는 길 같은 것이 생겼을 수 있다.

쥐라기까지는 평탄한 땅이 많아서 거대한 공룡이 움직이기 쉬웠는데, 백악기에 들어서면서 대륙의 분열이 일어나 지형이 울퉁불퉁해졌다. 그런 이유로 북반구에서는 용각류가 서서히 줄어들기 시작했고, 그 대신 몸이 더 작은 각룡류나 오리주둥이 공룡 등 초식 공룡이 번성하게 되었다.

정말 많이
먹는구나.

스테고사우루스는 무시무시한 생김새로 몸을 지킨다

 등에 난 골판의 비밀

커다란 골판을 등에 몇 장이나 짊어진 스테고사우루스
는 쥐라기 후기에 살았던 검룡류로 미국, 포르투갈에서 화석이
발견되었다. 몸길이는 7~9미터로 목에서 등과 꼬리에 걸쳐 골판
이 두 줄로 번갈아 나 있으며, 꼬리 끝에는 작은 가시 모양의 골
침이 4개 달려 있다.

이 모습을 본 사람들은 등에 난 골판을 대체 무엇에 썼는지 궁
금할 것이다. 스테고사우루스의 '스테고'는 지붕이라는 뜻이다.
화석이 발견된 당시에는 골판이 어떤 식으로 달려 있었는지 몰

● 스테고사우루스 ●

라서 몸의 옆을 지붕처럼 덮었을 거라고 추측했다. 그 뒤에도 골판 위치를 여기저기 바꿔가면서 스테고사우루스를 복원해서 그렸는데, 보존 상태가 좋은 화석이 발견되면서 지금의 모습이 완성되었다. 이 골판은 몸의 어느 뼈와도 붙지 않고 등의 피부 속에 묻혀 있다.

오카야마 이과대학의 하야시 쇼지 박사는 새끼 때는 가늘고 긴 골판이 작게 붙어 있지만 성장하면서 골판이 가로로 넓어져 커진다는 사실을 밝혀냈다. 이 골판은 방열판으로 체온 조절에 쓰였다는 설도 있다. 그렇다면 몸집이 작아서 체온이 잘 변하는 새끼 때 그 기능이 더 필요할 텐데 어렸을 때 골판이 발달하지 않았다는 것은 이상하다. 새끼 때는 골판이 크게 발달하지 않았다는 점을 생각해보면, 체온을 조절하려고 골판이 달려 있었다는 것은 앞뒤가 맞지 않는다. 성장하면 몸이 커져 체온 조절을 할 필요성이 낮아지기 때문이다.

골판에는 혈관이 지나가므로 피가 흐르면 판 색깔이 변했다는 해석도 있는데, 실제로 본 사람이 없으니 맞는지 틀린지 증명할 길이 없다. 새끼 때가 아니라 성장하면서 발달하는 특징이라는 점을 생각해보면 이 골판도 이성에게 구애하는 수단 중 하나가 아니었을까 추측된다.

보기만 해도 무시무시한 꼬리의 골침

등의 골판은 몸을 보호하는 역할로도 어느 정도 쓸모가 있었을 것이다. 최소한 적에게 공략하기 까다롭겠다는 생각을 심어주는 효과는 있지 않았을까? 골판은 뼈로 이루어져 있을 뿐 아니라 커다랗게 많이 나 있었으므로 육식 공룡도 등부터 덥석 물어뜯기는 힘들었을 것이다. 요리조리 뜯어봐도 무기처럼 보이는 꼬리의 가시 골침 역시 상대에게 겁을 주는 도구였을지도 모른다.

하야시 박사는 골침은 속이 텅 비어서 적에게 들이받히면 부러질 확률이 높다고 했다. 즉 실제로 무기 역할은 하지 못하고 거의 '겁주기용'으로 쓰였다고 할 수 있다.

그래도 그 효과는 제대로 먹혔을 것으로 보인다. 뾰족한 침이 다가오면 동물들은 대개 피한다. 게다가 꼬리를 옆으로 흔들 수 있었을 테니 그 동작만으로도 대부분 적을 물리칠 수 있었을 것이다.

너무 작은 뇌와 빈약한 이빨

스테고사우루스의 뇌는 공룡 중에서도 유난히 작아서 약간 큰 매실 정도 크기밖에 되지 않았다. 또 뒷다리가 극단적으로 긴 것도 특징이다. 긴 뒷다리 덕분에 세로로 부풀어 오른 거대한 몸통은 그만큼 소화기관이 길다는 사실을 보여준다. 또 이빨이 작고 음식물을 씹는 근력도 매우 약한 탓에 신선한 식물은 거의 먹지 못했을 것이다.

목의 각도 때문에 코끝이 거의 땅과 수직을 이룰 정도로 머리는 아래를 향해 있었다. 따라서 땅 위에 있는 아주 부드러운 먹이를 먹었을 가능성이 높은데, 특히 다른 공룡의 배설물을 먹지 않았을까 예상한다. 스테고사우루스의 식성에 대해서는 3장에서 자세히 다루겠다.

목 아래에는 가느다란 뼈가 자잘하게 늘어서 있는데, 이는 배설물에 얼굴을 파묻고 먹을 때 얼굴이 더러워지지 않도록 보호하는 역할을 했을지도 모른다.

온몸에는 갑옷, 꼬리에는 곤봉

완벽하게 무장한 몸통과 마치 곤봉 같은 꼬리를 가진 안킬로사우루스는 '갑옷 공룡'이라고도 불리는 곡룡류의 대표 주자이다. 백악기 후기에 티라노사우루스, 트리케라톱스와 함께 북아메리카 지역에서 서식했다.

11미터에 이르는 큰 몸통을 무장한 판은 흡사 갑옷처럼 보이기도 한다. 게다가 꼬리 끝에는 커다란 뼈 뭉치까지 달려 있었다. 발자국이 거의 발견되지 않은 탓에 평소에는 이 묵직해 보이는 뼈 뭉치를 땅으로 내리고 다녔는지 들고 다녔는지 알 수 없다.

● 안킬로사우루스 ●

앞다리가 매우 짧아서 머리가 땅에 스칠 정도로 낮은 위치에 있었다고 추측된다. '안킬로'는 휘었다는 뜻으로 늑골이 V자로 크게 휜 데서 유래했다. 늑골이 휘고 몸통이 두툼해서 소화기관이 거대했으리라고 본다.

이빨이 빈약하고 뇌는 극단적으로 작으며 몸통은 거대하다. 이런 점이 스테고사우루스와 꼭 닮은 안킬로사우루스도 다른 공룡들의 배설물을 먹지 않았을까 추측된다. 안킬로사우루스는 스테고사우루스의 백악기 버전 같다. 쥐라기에 거의 멸종된 스테고사우루스의 뒤를 이은 공룡이 바로 안킬로사우루스라고 생각하면 앞뒤가 맞는다.

겁주기용이 아닌 갑옷과 곤봉

갑옷이 몸을 방어하는 데 쓰인 것은 틀림없는 사실이다. 딱딱한 피부 아래에 골판이 붙어 갑옷을 이루는데, 새끼 때는 피부만 있고 뼈는 없다. 몸이 점점 자라나면서 튼튼한 뼈가 생기는데, 어릴 때는 몸이 가벼워야 여러모로 유리했으니까 그랬을 것이다.

안킬로사우루스는 스테고사우루스와 마찬가지로 빠르게 움직일 수 없어서 머리를 줄곧 아래를 향한 채 배설물을 먹으며 살았으리라고 추측된다. 그래서 언제 누구에게 습격을 받아도 간단히 먹히지 않도록 갑옷으로 몸을 지킬 수밖에 없었다. 게다가 안킬로사우루스의 갑옷은 스테고사우루스의 갑옷보다 방어 기능이 훨씬 더 발달했다.

스테고사우루스의 꼬리에 달린 골침은 안이 비어 있었지만 안킬로사우루스의 꼬리 곤봉은 속이 뼈로 꽉 차 있었다. 게다가 꼬리가 움직이는 범위도 상당히 넓어서 옆으로 크게 휘두를 수 있었다. 뼈 뭉치와 붙어 있는 꼬리는 직선으로 딱딱하게 뻗어서 끝에 추가 달린 막대기를 휘두르는 것과 같다. 거기에 원심력까지 더해지니 꽤나 강력한 무기가 되었을 것이다.

스테고사우루스의 등에 난 골판이나 꼬리에 난 골침은 이른바 '겁주기용'이었지만, 안킬로사우루스의 갑옷이나 꼬리 곤봉은 몸을 지킬 때 유용했다. 그 덕분에 스테고사우루스보다 생존율이 높아서 오래 살아남았던 것으로 보인다.

두꺼워도 너무 두꺼운 단단한 머리

'박치기 공룡'이라고도 불리는 후두류의 선두 주자 파키케팔로사우루스는 백악기 후기에 북아메리카 지역에서 서식했다. 가장 큰 특징은 머리가 돌처럼 단단하다는 것인데, 머리뼈가 돔 모양으로 볼록 솟아 있어 정수리 부분 뼈는 두께가 20센티미터도 넘는다. 몸길이는 4~5미터이고 정수리 주변과 코 위에 가시처럼 돌기가 나 있다. 후두류 가운데 몸집이 가장 크고 가시 모양의 돌기도 제일 발달했다.

파키케팔로사우루스는 두 발로 걸었으며 조반류치고는 앞다

리가 상당히 짧은 것도 특징이다. 머리가 무거워서 티라노사우루스와 마찬가지로 몸의 균형을 잡기 위해 앞발이 작아졌을 가능성이 있다. 포식자에게 공격을 당하면 긴 뒷다리로 뛰어서 도망쳤을 모습이 상상된다.

파키케팔로사우루스는 머리가 매우 컸지만 뇌는 그리 크지 않았다. 스테고사우루스나 안킬로사우루스와 마찬가지로 뇌 크기가 매실만 하며 그 위를 두꺼운 뼈가 덮고 있다. 원래 이 머리뼈는 싸울 때 박치기를 하기 위해 발달한 것이 아닐까 추측했다. 그러나 최근 컴퓨터단층촬영을 한 결과 이 뼈가 그렇게 딱딱하지 않고 오히려 속에 구멍이 숭숭 나 있었다는 사실이 밝혀졌다. 따라서 머리를 세게 박치기하면 뼈가 으스러졌을 것이다. 목뼈 또한 그렇게 튼튼하지 않아서 박치기했을 때 생기는 충격을 흡수

할 만한 구조가 아니었다.

그러한 사실로 미루어보면, 공룡 두 마리가 달려와 정면충돌하는 화려한 박치기는 하지 않았을 거라고 추측된다. 게다가 박치기를 했다는 증거도 발견되지 않았다. 트리케라톱스와 마찬가지로 서로 머리를 보여주며 기 싸움을 하거나 머리를 맞대고 미는 등 머리나 목에 부담이 크지 않은 행동을 했을 가능성은 있다.

이 단단한 머리는 거의 보여주는 용도로만 쓰였는데, 이 또한 이성이나 친구들에게 어필하기 위한 수단으로 보인다. 머리 주변 혹은 아랫부분에 난 가시돌기도 장식이나 그 비슷한 용도로 쓰였을 것이다.

베일에 싸인 식생활

다들 파키케팔로사우루스의 머리에 신경 쓰느라 이들이 무엇을 먹었는지에 대해서는 의외일 정도로 이야기가 많이 나오지 않는다. 파키케팔로사우루스 같은 후두류와 트리케라톱스 같은 각룡류는 계통으로 따지면 조반류 중에서도 서로 가까우며 둘 다 머리가 매우 발달했는데, 이빨은 발달에 차이를 보인다.

각룡류는 재단기처럼 튼튼한 이빨의 집합체(덴탈 배터리)를 갖고 있었지만, 파키케팔로사우루스의 이빨은 매우 작고 약했다.

또 머리가 스테고사우루스나 안킬로사우루스처럼 아래를 향해 파키케팔로사우루스도 배설물을 먹었을 가능성이 있다.

그러나 파키케팔로사우루스는 뒷다리가 발달해 두 발로 걷는 등 스테고사우루스보다 골격을 활발하게 움직였으므로 마른 낙엽처럼 에너지를 조금 더 얻을 수 있는 먹이를 먹었을 것으로 본다. 먹이의 정체가 무엇인지는 아직 밝혀지지 않았지만 이빨과 몸통을 보고 추측해보면, 소화하기 힘든 먹이를 먹은 것은 분명한 것 같다.

파라사우롤로푸스는 볏으로
소리를 낼 수 있다

외계인처럼 생긴 볏

머리 뒤쪽으로 길게 뻗은 볏이 눈길을 사로잡는 파라사우롤로푸스는 백악기 후기에 북아메리카 지역에서 서식했던 조각류다. 몸길이는 약 11미터이고 초식 공룡이었다. 조금 더 자세히 분류하면, 파라사우롤로푸스는 조각류 가운데 하드로사우루스류라는 그룹에 속한다. 하드로사우루스류는 입이 오리처럼 넓적하다고 해서 '오리주둥이 공룡'이라고도 한다.

백악기 후반 북반구에서는 용각류 대신 오리주둥이 공룡이 번성했다. 이들은 무리 지어 생활하며 식물을 자주 뜯어먹었을 것으로 보이는데, 우리가 아는 소가 거대해졌다고 상상하면 생김새가 와닿을 것이다.

파라사우롤로푸스를 포함한 오리주둥이 공룡은 턱이나 이빨이 발달해서 신선한 식물을 튼튼한 이빨로 잘게 씹어 많이 먹었으리라고 추측된다. 용각류 등은 소화를 돕기 위해 위석을 삼켰는데, 이들은 그럴 필요가 없었다.

뒷다리가 길어서 두 발로 걸을 수 있는 골격을 가졌고 두 발로 찍힌 발자국 화석도 있지만, 네 발로 찍힌 발자국도 있는 것으로 보아 네 발을 써서 걸었던 것 같다. 앞다리와 뒷다리의 길이가 다르면 네 발로 달릴 때 속도를 낼 수 없으므로 육식 공룡의 공격을 받아 도망칠 때처럼 빠른 속도가 필요한 상황에서는 두 발을 썼을지도 모른다.

볏을 이용해 기적소리를 내듯이 울었다

볏은 대체 어디에 썼을까? 전에는 물속에서 호흡할 때 쓰는 스노클 역할을 했을 거라는 가설이 있었는데 지금은 쏙 들어갔다. 볏 끝에 구멍이 뚫리지 않아서 그런 식으로 쓰기는 불가능하기 때문이다. 호흡은 입 위에 달린 콧구멍으로 했다.

볏은 새끼 때는 없는데 성장하면서 발달한 것으로 보아 이성

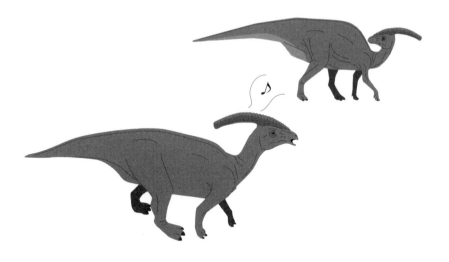

● 파라사우롤로푸스 ●

에게 구애할 때 사용한 것으로 추측된다. 그러나 보여주는 용도 말고 다른 쓰임이 아예 없었던 것은 아닌 듯하다. 볏 안쪽에 코로 연결되는 빈 공간이 숨을 진동시켜 같은 무리끼리 의사소통을 하기 위한 특이한 소리를 낼 때 도움이 되었으리라고 추측된다.

오리주둥이 공룡은 머리에 볏이 달린 경우가 많아서 볏 모양으로 종류를 구분했을 것으로 보인다. 이들이 내는 소리도 볏 모양에 따라 달랐을 것이다. 그렇다면 오리주둥이 공룡은 대체 어떤 소리를 냈을까? 오리주둥이 공룡의 머리 골격에 공기를 흘려보내 그 소리를 재현하는 실험을 했는데, 들어보면 '붕~' 하는 낮은 소리가 마치 뱃고동 같다.

오리주둥이 공룡이 언제 소리를 냈는지, 이 소리를 의사소통에 얼마나 활용했는지는 알 수 없다. 초식 공룡 가운데 비교적 뇌가 큰 오리주둥이 공룡은 어느 정도 의사소통을 했을 가능성이 있다. 거대한 무리를 지어 다녔으므로 동료에게 위험을 알리기 위해 소리를 냈을 수도 있고 흥분했을 때 소리를 냈을 수도 있다. 그렇지만 소가 왜 '음매' 하는지 알 수 없듯이 그들이 왜 소리를 냈는지는 알 수 없다.

긴 꼬리가 달린 새 같은 모습

늘씬한 몸매에 뒷발에는 날카로운 발톱이 달린 벨로키랍토르는 백악기 후기에 몽골이나 중국에서 서식한 소형 수각류다. 이름에는 '날쌘 약탈자'라는 뜻이 있다. 1993년 개봉한 영화 〈쥬라기 공원〉에서 인간과 크기가 비슷한 벨로키랍토르가 날렵한 몸놀림으로 공격하는 장면이 나와 화제가 되었다.

벨로키랍토르를 포함해 '랍토르'가 붙는 수각류는 공룡과 새가 어떤 연관이 있는지 판단할 때 매우 중요한 존재이다. 티라노사우루스는 어릴 때는 새처럼 보이지만 자라면서 뇌 크기는 거

의 변함 없고 몸만 커져 파충류처럼 성장한다고 설명했다. 그와 반대로 랍토르류 공룡의 몸은 어느 정도 크면 더 커지지 않으므로 다 성장해도 새처럼 아주 활발하게 움직였을 것으로 추측된다. 벨로키랍토르의 몸길이는 2미터 정도인데 다른 랍토르류 공룡들은 이보다 몸집이 작다. 랍토르류 공룡의 몸과 뇌 크기의 비율은 새의 그것과 거의 비슷하다.

벨로키랍토르의 깃털은 발견되지 않았지만 앞다리에서 깃털 흔적이 보이는 것으로 날개가 있었으리라고 추측된다. 랍토르류 공룡 중 몇몇 종류에서 깃털을 발견하였으며 앞다리나 뒷다리에 날개가 달린 것도 나왔다. 몸집이 작은 랍토르류 공룡은 온몸이 깃털로 덮여 있었을 것으로 추정된다.

이런 설명으로 떠오르는 랍토르류 공룡의 모습은 온몸이 깃털로 덮여 있고, 앞다리가 날개처럼 되어 있으며, 뒷발로 걷는 현대의 새와 거의 비슷하다. 새와 다른 점을 찾는다면 랍토르류 공룡은 꼬리가 길었다는 점을 들 수 있다.

새와 생김새가 닮았으므로 랍토르류 공룡도 새와 습성이 비슷해 알을 품거나 새끼를 길렀을 것으로 본다. 백악기 후기에 몽골이나 중국에서 서식했던 오비랍토르는 둥지에서 알을 품었던 것으로 추측되는 화석이 발견되었다.

새의 조상이 아니라 그냥 새라고?

벨로키랍토르는 몸의 크기나 앞발의 크기로 봤을 때 앞다리에 작은 날개가 달려 있다 해도 하늘을 날 수 없었을 것으로 추측된다. 원래 공룡은 다리를 써서 땅 위를 걷는 동물을 가리키며, 날개를 써서 하늘을 나는 동물은 새로 간주한다.

그런데 벨로키랍토르의 조상으로 추측되는 안키오르니스는 나는 데 적합한 풍절우라는 특이한 깃으로 된 날개가 달려 있다. 또 꼬리를 제외한 부분이 제비보다 약간 클 정도로 공룡치고는 몸집이 아주 작았으므로 하늘을 날 수 있었을 것으로 본다. 즉 초기의 새라고 볼 수 있다.

초창기 새의 자손 중 일부는 하늘을 나는 생활에 적응하기 위해 작은 몸을 그대로 유지한 채 새로 진화했을 것으로 보인다. 다른 일부는 하늘을 날기를 포기하고 땅 위 생활에 적응하면서 몸집이 조금씩 커져 랍토르류 공룡이 되었을 것이다.

조상이 이미 새였다면 그 자손인 랍토르류 공룡도 새라고 볼 수 있다. 타조가 하늘을 날지 못해도 새인 것처럼 벨로키랍토르도 하늘을 날 필요가 없어져 2차적으로 몸이 커진 새의 일종이라고 할 수 있다.

안키오르니스 등 초기 새를 포함한 랍토르류 공룡의 앞다리 발목뼈는 반달 모양이다. 이 구조는 앞다리 또는 날개를 홰치듯 움직일 수 있게 해준다. 이처럼 현대의 새와 구조가 똑같은 것으로 보아 하늘을 날기 위해 발달한 특징이 아닐까 추측된다. 땅 위로 돌아온 랍토르류 공룡은 하늘을 날지 못하게 되었지만 날개나 발목을 자유롭게 움직인다는 특징은 그대로 남아 있었다.

사나운 발톱으로 어떤 먹잇감을 노렸을까

벨로키랍토르의 뒷다리는 무릎부터 아래가 길어서 날쌔게 움직일 수 있었으며, 두 번째 뒷발가락 끝에는 크고 날카로운 갈고리 형태의 발톱이 달려 있었다. 또 몸 크기에 비해 뇌가 크다는 점도 운동신경이 뛰어났다는 사실을 뒷받침한다. 그렇다면 벨로키랍토르는 민첩하게 움직이며 뒷다리 발톱으로 먹잇감에 달려들었을까?

'운동신경이 뛰어나며 작지만 사나운 육식 동물'이라는 이미지 때문인지 벨로키랍토르가 자신보다 몸집이 훨씬 큰 공룡에게 달려들어 사나운 발톱을 세우는 그림이나 영상을 흔히 볼 수 있다. 그러나 차분히 생각해보면 이런 광경은 있을 수 없다.

'트리케라톱스 대 티라노사우루스'의 대결을 상상하면서 이야기했듯이 보통 육식 동물이 자신보다 크고 쌩쌩한 동물에게 힘만 믿고 무작정 달려드는 일은 없다. 앞에서 티라노사우루스가 공격한다면 초식 공룡 무리에 있는 새끼나 약한 동물을 노렸을 거라고 했다. 하지만 벨로키랍토르는 일반적인 초식 공룡에 비해 몸집이 작아서 그 무리 속으로 약한 동물을 공격하러 가기에는 위험 부담이 너무 크다.

벨로키랍토르가 공격한다면 그 대상은 자신보다 몸집이 훨씬 작은 동물일 것이다. 공룡 시대에는 크기가 쥐 정도 되는 포유류나 작은 도마뱀이 살았으므로 이들을 먹잇감으로 삼았으리라고 추측하는 것이 옳다. 사실 뒷발에 달린 발톱은 이렇게 작은 동물을 잡기에 딱 알맞은 모양이다. 우리가 아는 독수리나 올빼미가 쥐나 토끼를 뒷발의 발톱으로 꽉 누르고 먹어치우듯이, 벨로키랍토르는 그 당시 작은 포유류나 도마뱀을 뒷발의 발톱으로 꽉 잡고 먹었을 것이다.

비교적 가늘고 긴 머리나 이빨에서도 그러한 생활을 엿볼 수 있다. 작은 동물은 움직임이 날쌔다. 그렇게 빠른 동물을 갑자기 덥석 물기는 어려울 테고, 물었다 하더라도 이빨이 부러질 위험이 있다. 뒷발에 달린 발톱으로 먼저 꽉 잡은 다음 목 같은 급소를 물어뜯어 끝장냈을 것이다.

벨로키랍토르는 눈이 큰 것도 특징이다. 눈이 크면 어두운 곳에서도 잘 볼 수 있으므로 야행성이었다고 추측할 수 있다. 당시 포유류는 기본적으로 야행성이었으므로 포유류를 주로 잡아먹었다는 추론과도 일치한다.

참고로 '격투 화석'이라 불리는 유명한 벨로키랍토르 화석이 있다. 벨로키랍토르와 소형 각룡류인 프로토케라톱스가 싸운 것처럼 보여 그런 이름이 붙었는데, 정말로 싸웠을지 판단하기에는 근거가 부족하다. 우연히 그렇게 보이는 자세와 위치에서 화석이 되었을 수도 있다. 따라서 벨로키랍토르가 자신과 몸집이 비슷한 공룡을 공격했다는 설을 뒷받침하기에는 조금 약해 보인다.

돛을 가진 최대 육식 공룡

2001년 개봉한 영화 〈쥐라기 공원 3〉에서 무시무시한 티라노사우루스와 대결해 승리를 거두고 단숨에 지명도를 높인 스피노사우루스는 백악기 후기에 서식했던 초대형 수각류다. 화석은 이집트, 모로코 등 북아프리카 등지에서 발견되었다.

등에 돌기가 늘어서 있다고 해서 '가시 도마뱀'을 뜻하는 이름을 붙였는데, 그 돌기가 피부를 덮어 커다란 돛을 이루었을 것으로 보인다. 몸길이는 약 18미터로 추정되며 티라노사우루스를 능가하는 최대 육식 공룡이라고 평가받기도 한다. 그러나 현재

● 스피노사우루스 ●

정확한 크기는커녕 어떤 모습이었는지도 추측하기 힘들어 최대 육식 공룡일 '가능성이 있다'고만 말할 수 있다. 신뢰도를 높여주는 스피노사우루스의 완전한 골격이 없기 때문이다.

20세기 초반 이집트에서 등에 돛 모양 돌기가 달린 화석이 좋은 상태로 발견되어 독일의 뮌헨대학으로 옮겨져 보관되었다. 그런데 제2차 세계대전 때 폭격을 받아 건물이 통째로 무너지는 바람에 화석은 모형도 남아 있지 않아 현재는 논문에 실린 그림이나 사진으로만 볼 수 있다. 그 뒤 모로코에서 추가 자료(새로운 화석)가 몇 개 발견되었지만 모두 골격 일부일 뿐이었다. 부위가 각기 다른 뼈를 모아봐야 정확한 모습을 복원해내기는 어렵다. 최근에는 전에 복원했던 모습만큼 뒷다리가 길지 않았다는 주장과 함께 육식 공룡이면서 두 발이 아닌 네 발로 걸었다는 설이 나왔는데, 어디까지가 진실인지는 아직 알 수 없다.

매우 독특한 모습을 자랑하는 등의 돛은 방열판으로 체온을 조절하는 데 쓰였다는 등 몇 가지 설이 있다. 하지만 이 돛도 스테고사우루스의 골판과 마찬가지로 이성에게 구애하는 수단이 아니었나 싶다. 어릴 때는 크게 발달하지 않았다는 사실만 밝혀내면 이 설을 뒷받침하는 한 가지 증거가 되겠지만 스피노사우루스의 새끼 화석은 아직 발견되지 않았다.

2020년에 나온 수중생활설의 새로운 단서

스피노사우루스의 머리 부분은 티라노사우루스보다 상하좌우 폭이 훨씬 더 좁아서 음식물을 씹을 때 필요한 턱의 힘은 그렇게 강하지 않았을 거라고 추측된다. 즉 자신보다 너무 큰 동물은 먹지 못했을 것이다. 공룡이 어떤 먹이를 먹었을지 추측할 때 이빨은 중요한 단서로 작용하는데, 신기하게도 스피노사우루스는 이빨에 관한 단서가 많이 발견되었다. 스피노사우루스의 이빨은 화석을 사고파는 '국제화석박람회'에 단골로 나오며 싼 것은 하나에 1만 원이다.

일반적인 육식 공룡의 이빨은 칼처럼 생기고 테두리가 톱날처럼 깔쭉깔쭉한데, 스피노사우루스의 이빨은 단면이 거의 원형이고 톱니가 없으며 세로로 홈이 파인 줄이 잔뜩 들어가 있다. 또 수장룡류나 익룡의 이빨과 닮았으므로 그들처럼 물고기를 먹었던 것으로 추정한다. 물고기를 먹었으니 주로 물속에서 생활했을 거라는 해석도 있지만 일반 공룡과 같이 땅 위에서 생활했을 거라는 해석도 있다.

바다거북처럼 지느러미로 헤엄치는 동물은 발가락뼈가 길다. 긴 발가락뼈를 살이 덮어 커다란 지느러미가 발달하는 한편 손톱은 그다지 나오지 않았다. 스피노사우루스의 앞발가락 뼈나 뒷발가락 뼈는 발견되지 않았지만, 앞발가락 끝에 달려 있던 커다란 발톱은 발견되었다. 지느러미에는 그렇게 큰 발톱이 달릴 수 없으므로 스피노사우루스의 앞발은 지느러미로 발달하지 않았다고 추측할 수 있다. 즉 앞발로 헤엄을 치지는 않았던 모양이다.

악어처럼 꼬리로 헤엄치는 동물은 세로로 폭(세로 방향의 두께)이 넓어졌다는 특징이 있다. 스피노사우루스는 보존 상태가 좋은 꼬리뼈가 아직 발견되지 않았다. 증거가 없는 이상 다른 수각류와 똑같이 꼬리가 가느다랐을 거라고 추측할 뿐이다.

그러나 이 책을 집필하던 2020년 4월, 모로코에서 스피노사우루스의 것으로 추정되는 거의 완전한 꼬리뼈가 발견되었다는 학술 보고가 있었다. 이 꼬리는 악어 꼬리처럼 세로 폭이 넓어서 수중생활설을 유력하게 해주었다. 이 발견으로 스피노사우루스가 악어처럼 물속에서 꼬리를 좌우로 흔들며 헤엄치지 않았을까 추측하게 되었다. 이 발견에서 한 가지 걸리는 것은 지금까지와 마찬가지로 몸 전체 골격은 발견되지 않고 꼬리뼈만 발견되었다는 사실이다. 스피노사우루스를 특징 짓는 등의 돛과 머리 부분이 같이 발견되지 않았으므로 스피노사우루스의 뼈라고 단정 짓기가 어렵다. 스피노사우루스가 살았던 시대에는 스피노사우루스와 비슷하게 거대한 악어도 살았다. 따라서 이 뼈가 악어류에 속하는 동물의 것일 가능성도 없지는 않다.

아무튼 이 발견으로 스피노사우루스의 생태를 완벽히 해석하게 된 것은 아니다. 앞으로 어떤 발견이 있느냐에 따라 완전히 뒤집힐 가능성도 크다.

물고기를 주식으로 삼을 수 있었을까

스피노사우루스는 물고기도 먹었겠지만 이를 주식으로 삼았다고는 생각하기 어렵다. 무엇보다 호수나 강에 사는 물고기만 먹고 10미터가 넘을 정도로 몸이 거대해질 수 있었을까 하는 큰 의문이 든다. 스피노사우루스의 체중이 6~8톤 정도 된다고 하면, 매일 물고기를 수백 킬로그램은 먹어야 한다. 번식도 해야 했으며 같은 지역에 공룡 친구도 많았을 것이다. 호수나 강에서 사는 물고기는 바다에서 사는 물고기보다 몸집이 작을뿐더러 개체 수도 그렇게 많지 않다. 따라서 스피노사우루스 여러 마리가 물고기만 먹고도 살 만큼 물고기가 아주 많았을 거라는 상상은 하기 어렵다.

톱니는 공룡이 땅 위에 사는 동물을 먹을 수 있도록 발달한 것인데 톱니가 없다는 점은 웬만한 먹잇감은 다 먹었다는 증거로 볼 수 있다. 이 사실로 미루어보면 스피노사우루스는 물고기뿐만 아니라 공룡도 먹었을 것이다. 물고기만으로는 식량이 부족할 테니 악어처럼 물가에서 잠자코 기다리다가 물을 마시러 온 공룡을 물속으로 휙 잡아채 먹어치웠을지도 모른다.

스피노사우루스가 어떤 모습으로 어떻게 살았는지 베일에 싸인 부분이 많아서 상상의 동물이 혼자 걷는 듯한 느낌이 있지만, 그 이빨로 보이는 화석이 일본의 백악기 지층에서 발견되었다. 만약 스피노사우루스가 일본에서도 서식했다면 스피노사우루스의 비밀을 풀 열쇠가 여기서 발견될지 누가 알겠는가.

2장

상식을 뒤집는
공룡 이야기

멋에 살고 멋에 죽는 자가 인기를 얻는다

 핸디캡 캐릭터

트리케라톱스의 뿔과 프릴, 브라키오사우루스의 기다란 목, 스테고사우루스의 골판, 파키케팔로사우루스의 단단한 머리 등 1장에서 살펴본 공룡들의 이러한 개성 넘치는 특징은 모두 '이성에게 인기를 얻는 수단'이라고 설명했다.

이러한 특징은 모두 실용성으로 따지면 장점은커녕 오히려 생존에 불리한 조건으로 보인다. 이를테면 용각류의 기다란 목은 음식을 먹으려고 할 때나 숨을 쉬려고 할 때 시간이 오래 걸려 격한 움직임이 불가능하다. 즉 아무짝에도 쓸모가 없어서 살아가는 데 단점이 될 게 뻔한데도 일부러 발달시킨 것이다.

이처럼 얼핏 생존에 불리해 보이는 특징을 발달시키는 현상은 '핸디캡 이론'으로 설명할 수 있다. 이 책에서는 이렇게 생존에 불리하게 작용하는 특징을 '핸드캡 캐릭터'라고 하겠다. 이 핸디캡 캐릭터는 사실 동물이 이성에게 구애할 때 쓰는 수단에서 많이 보인다. 대표적으로 사슴뿔을 예로 들 수 있다. 수사슴의 장엄한 뿔은 먹이를 뜯을 때 아무런 도움이 되지 않으며 오히려 거추장스럽고 무거워서 지탱하는 것만으로도 몸에 상당한 부담을 준다. 게다가 사슴은 매년 뿔갈이를 한다. 굳이 그럴 필요가 있을까 하는 생각밖에 들지 않는데, 수사슴으로서는 자신의 유전자를 남길 수 있느냐 없느냐가 달린 중요한 문제다. 뿔 달린 사슴의 머리뼈를 직접 들어보면 알겠지만, 뿔이 있을 때와 없을 때 무게는 2배 이상 차이가 난다.

수컷 공작의 화려한 꼬리도 마찬가지다. 자기 몸보다 훨씬 길고 무거운 꼬리를 끌고 다니면 나는 데 방해가 될 뿐 아니라 적에게 공격당할 위험도 커진다.

인도네시아에서 서식하는 멧돼지의 일종인 바비루사의 송곳니도 신기하다. 위턱의 가장 위쪽에서 나는 이 송곳니는 머리 방향으로 휘어져 자라다가 결국 거의 눈을 뚫기 직전까지 가지만 실용성은 눈을 씻고 찾아봐도 없다.

이러한 특징은 수컷에게 나타나는 경우가 많은데, 특징이 뚜렷할수록 번식기에 많은 암컷을 유혹해서 자손을 남길 수 있다. 홋카이도 사슴인 에조 사슴이나 바비루사는 번식기에 수컷끼리 뿔이나 송곳니를 부딪쳐 누가 더 강한지 겨룬다. 이 힘 싸움에서 밀리면 뿔이나 송곳니가 부러지기도 하는데, 그것은 곧 패배자를 뜻한다. 이렇게 싸움에 진 수컷을 과연 암컷이 상대해줄까?

지나치게 보이기도 하는 이런 핸디캡 캐릭터를 발달시킨다는 것은 곧 그것을 유지할 신체 능력이나 면역력이 있다는 것을 나타낸다. 이성의 눈에는 우수한 개체라는 신호로 비치며, 그것을 과시함으로써 우월한 파트너의 자손을 남기고 싶어 하는 이성에게 선택받기가 쉬워진다. 큰 핸디캡을 안고 있으면서도 자신이 건강하다는 사실을 보여주는 것이 생물의 가장 큰 목적인 자손 번식으로 이어지는 것이다. 그 결과 핸디캡 캐릭터는 대물림되어 종마다 특징으로 자리 잡게 된다.

우리는 생물의 몸이 커질수록 핸디캡 캐릭터가 더 강조된다는 점도 생각해봐야 한다. 사슴도 몸집이 큰 종일수록 뿔도 더 화려하고 크게 자란다. 트리케라톱스 등 각룡류의 뿔이나 파라사우롤로푸스 등 오리주둥이 공룡의 볏도 마찬가지다.

몸집이 클수록 천적에게 공격당할 위험이 줄어들므로 그만큼 이성에게 어필할 수 있는 치장에 노력을 더 많이 들이는 것이다. 인간 세계에서도 경제력이 있어 생활에 여유가 있는 사람이 외모에 신경을 더 많이 쓸 수 있는데, 그것과 같은 이치다. 반대로 몸집이 작은 동물이나 새끼 동물은 천적에게 들키지 않으려고 도망 다니기에 바빠 화려한 특징을 발달시킬 여유가 없다.

구분하려는 것이라 독특하다

예를 들면 꼭꼭 씹어 먹을 수 있는 이빨이나 빨리 달릴 수 있는 다리, 하늘을 날 수 있는 날개 등 음식물을 섭취하거나 몸을 지킬 때 도움이 되는 특징은 동물의 종류와 상관없이 비슷비슷한 성질을 갖게 된다. 이를 '수렴 진화'라고 한다. 어느 특정 기능을 위한 특징은 어떤 동물이 갖고 있든 점점 형태가 비슷해진다는 현상이다.

살아가면서 필요한 특징이라면 어미나 새끼 상관없이 모두 똑같이 갖추어야 한다. 핸디캡 캐릭터가 어릴 때는 보이지 않다가 성장하면서 보인다는 점도 이성과 관련이 있는 특징이라는 사실을 미루어 짐작하게 해준다. 바꿔 말하면, 어릴 때는 보이지 않다가 성장하면서 발달하는 특징은 곧 번식에 의의가 있다는 것이다.

핸디캡 캐릭터는 대부분 한눈에도 인상이 강렬하고 매우 독특하다. 동물은 다른 유전자를 가진 동물과 실수로 짝짓기를 해도 자손을 남길 수 없다. 따라서 이성에게 구애하는 방법은 종마다 다르다. 다른 종에게는 이성의 매력을 느끼지 못하게 해서 실수하지 않도록 미리 방지하는 것이다.

용각류는 기다란 목을, 후두류는 단단한 머리를 매력으로 느꼈다. 동물은 자신과 같은 종을 구분하여 그들에게 매력 있게 보일 특징을 발달시킨다. 그것이 바로 핸디캡 캐릭터이며, 그 덕분에 이 세상에 하나뿐인 독특한 특징을 갖게 된다.

용각류의 전성기에는 같은 지역에 용각류가 몇 종류나 있었다.

계열이 가깝더라도 목의 길이나 모양, 색 또는 몸집이 달라 종에 따라 차이가 있으면 멀리서도 한눈에 동료를 구분할 수 있다. 그런 필요성에 따라 종마다 차이점이 눈에 확 띄게 된 것이다. 개체가 살아가기 위해 꼭 필요한 특징이 아니기에 핸디캡 캐릭터가 얼핏 쓸모없어 보이는 것도 당연하다고 할 수 있다.

핸디캡 캐릭터가 발달해야 번성한다

약간 역설적이지만 생존에 불리한 핸디캡 캐릭터를 심하게 발달시킨 동물일수록 일시적이라 할지라도 매우 번성하는 경향이 있다. 개인적으로는 공룡 중에서도 용각류가 가장 흥미롭다. 아무튼 용각류는 공룡 시대 초기부터 마지막까지 줄곧 거의 같은 모습으로 존재했다. 그렇게 따지면 공룡 중에서도 가장 성공한 그룹이라고 할 수 있겠다.

용각류는 기다란 목과 그것을 받치는 거대한 몸을 핸디캡 캐릭터로 발달시켰다. 얼핏 합리성이 떨어지는 동물로 보이지만 환경 변화에 강해서 다양한 환경에 적응할 수 있었다. 뼈만 보아서는 알 수 없지만 이렇게 오래 살았다는 것은 면역력도 상당히 강했다는 것으로 풀이된다.

눈길을 사로잡는 공룡의 특징에서 실용적 의미를 찾으려고 노력하지만 핸디캡 캐릭터는 심오한 생존 전략에서 나온 것이다. 현대를 살아가는 생물 중에도 핸디캡 캐릭터를 발달시켜 드물게 번성하는 종이 있다. 바로 인간이다. 인간이 두 발로 걷고 뇌가 크며 학습에 긴 시간이 필요한 언어 등 복잡한 문화를 가지고 있는 것도 핸디캡 캐릭터의 일종이라고 생각한다.

생물학적으로 보면 등뼈를 땅에 수직으로 곧게 세우고 두 발로 걷는 데는 장점이 거의 없다. 네 발로 걷는 것보다 움직임이 느리고 균형도 나빠지며 괜히 눈에 띄어 포식자에게 공격당하기도 쉬워서 사실은 단점이 훨씬 더 많다. 위가 처지거나 요통이 생기는 등 내장이나 골격에 부담도 많이 준다.

또한 이렇게 큰 뇌가 동물의 생존에 도움이 된다면, 뇌의 크기가 비슷한 동물이 인간 말고도 있을 법한데 지금까지 그런 동물은 나오지 않았다. 인간과는 완전히 반대인데, 성장하면 뇌가 없어지는 따개비 같은 동물이 번성한다는 사실에서도 큰 뇌나 높은 학습능력은 동물계에서는 오히려 이단이라고 할 수 있다. 뇌가 클수록 에너지 효율이 좋지 않고 많은 양을 먹어야 한다는 단점도 있다.

그러나 이러한 인간만의 독특한 특징이 인간의 번성으로 이어졌다는 것은 확실하다. 핸디캡 캐릭터가 뚜렷한 종류는 번식력이 강해서 자연스레 숫자가 늘어난다. 인간도 사슴도 그렇고 용각류도 그랬을 것이다. 남아 있는 화석이 많다는 데서도 볼 수 있듯이, 용각류는 매우 성공한 공룡이라는 사실을 알 수 있다.

수가 늘어나면 더 많은 개체가 핸디캡 캐릭터의 형질을 물려받고, 그 특징이 점점 더 강조된다. 인간도 수가 늘어나면서 원래는 핸디캡이어야 했을 개성 넘치는 특징을 밖으로 드러내게 되었다고 생각한다.

공룡은 처음부터 새와 꼭 닮았을까

공룡(恐龍)이라는 말은 '무서운 도마뱀'을 뜻하는 '디노사우리아'에서 유래했다. 인간이 공룡이라는 존재를 발견해 이름 붙인 19세기 중반 시점에는 공룡이 파충류에 가까운 동물이라고 알려져 있었다.

공룡 이름을 붙이고 얼마 지나지 않아 공룡과 새의 특징을 모두 가진 아르카이오프테릭스(시조새)가 발견되면서 공룡과 새의 연관성에 대한 의견이 나오기 시작했다. 이 의견은 잠시 잊혔는데, 1970년대에 '공룡 르네상스'가 지나고 1990년 이후 깃털공룡이 발견되면서 현재에 이르러서는 새가 공룡에서 진화했다는 것이 거의 확실한 사실이 되었다.

그러나 '그런 건 인정 못해'라는 주장을 고수하는 강경한 반대론자가 오랜 세월 일정하게 존재한 것도 사실이다. 지금도 공룡과 새의 연결 고리에 의문을 품는 사람이 어딘가에 있다.

공룡은 파충류의 일종으로 '날지 않는 새'와 같은 특징이 있으며, 그 일부가 진화해서 새가 되었다. 이렇게 되면 공룡이 언제부터 새의 특징을 갖게 되었는지 궁금해진다. 예전에 공룡이 나타난 트라이아스기 후기(약 2억 3,300만 년 전)의 지층이 노출된 아르헨티나의 이치구알라스토에서 발굴 조사를 한 적이 있는데, 거기서 발견된 초창기 공룡의 뼈는 새의 뼈와 다르지 않았다. 안이 텅 빈, 그야말로 '새의 껍데기' 같은 골격이었다.

공룡의 뼈가 새의 뼈와 꼭 닮았다면 겉모습도 새와 상당히 유사했을 것으로 보인다. 뼈는 새와 닮았는데 겉모습이 파충류일 수는 없다고 본다. 공룡이 언제부터 깃털을 가졌는지는 조금 더 기다려봐야겠지만, 지구상에 나타났다는 시점에 이미 깃털이 있었을 가능성이 높다. 형태가 비슷했으니 습성도 닮았을 테고, 깃털이 있었다면 알을 품는 습성도 있었을지 모른다. 즉 공룡은 처음부터 형태도 습성도 새와 상당히 가까웠다고 추측할 수 있다.

진화 과정에서 파충류와 비슷해지다

예를 들어 스테고사우루스나 안킬로사우루스 등을 보면 '공룡은 새 같다'는 말이 확 와닿지 않을 것이다. 많은 공룡은 오히려 파충류와 비슷한 인상을 준다. 초창기 공룡이 새와 가까운 특징을 갖추었다는 점에서 볼 때, 공룡은 진화하여 몸집이 커지는 과정에서 2차적으로 새와 비슷한 특징을 잃었다고 생각해야 이치가 맞다. 새와 비슷한 특징을 잃으면 어떻게 될까? 그 점을 생각할 때는 몸과 뇌 크기의 비율이 중요하다. 새는 몸의 크기에 비해 뇌가 크고, 파충류는 그 반대로 뇌가 작다.

예를 들어 몸집이 큰 포유류나 조류는 뇌도 크다. 그러나 대부분 공룡은 몸집이 크든 작든 뇌 크기는 거의 비슷하다. 그러다 보니 진화해서 점점 몸집이 거대해지지만 상대적으로 뇌가 작아지게 되어 파충류와 비슷해졌다고 추측할 수 있다. 그들의 습성을 생각할 때는 파충류를 참고로 삼을 수 있다.

거대해지지 않은 소형 수각류는 그대로 마지막까지 새와 비슷한 특징을 지킨 것으로 보인다. 그들의 습성을 생각할 때는 새를 참고로 삼을 수 있다. 그리고 그중 일부는 하늘을 날면서 새로 진화했다.

공룡은 원래 '날지 않는 새'라고 해도 좋을 만큼 새에 가까웠다. 그러나 일부는 진화하여 몸집이 커지면서 파충류와 흡사해졌다. 이것이 공룡이 아주 흥미로운 이유이다. 일종의 격세유전(선조들이 갖고 있던 성질이 1대 혹은 여러 대 떨어진 자손에게서 다시 나타나는 현상 - 옮긴이)인 듯하지만 원래 파충류로 돌아간 것은 결코 아니다.

성장 과정에서도 파충류 모습으로

공룡은 몸집이 커지면서 새의 특징을 잃고 파충류의 특징이 생겼다. 그것은 개체가 성장하는 과정에서도 생기는 변화이다. 포유류나 조류는 성장해 몸집이 점점 커지면 뇌도 따라서 커진다. 그리고 어느 정도 자라면 몸이나 뇌도 성장을 멈추므로 새끼와 어미의 체격은 그렇게 크게 차이 나지 않는다. 그러나 공룡은 성장해서 몸이 커져도 뇌는 계속 작았던 것으로 보인다. 그리고 나이가 들면서 몸이 점점 거대해져 새끼와 어미의 체격에는 상당한 차이가 생겼다.

1장에서 티라노사우루스는 새끼와 어미의 생태가 크게 달랐을 거라고 설명했다. 이는 티라노사우루스의 일종인 타르보사우루스를 참고로 한 추론이다. 사실 티라노사우루스의 알이나 새끼는 발견된 적이 없다. 그와 달리 몽골에서는 타르보사우루스의 화석이 많이 발견되었는데, 그중에는 새끼부터 어미까지 보존 상태가

좋은 화석도 있다. 그런 이유로 타르보사우루스는 성장과 함께 나타나는 변화가 잘 알려진 것이다. 티라노사우루스의 성장 과정도 타르보사우루스와 거의 비슷했다고 추측할 수 있다.

타르보사우루스의 새끼 화석을 보면, 머리나 뇌 모양이 새와 꼭 닮았다. 어릴 때는 몸도 머리도 작은 반면, 뇌 크기는 성체와 거의 같으므로 몸이나 머리에 비해 뇌가 커서 새와 닮은 것이다. 그 사실로 보면, 어릴 때는 새와 아주 비슷해서 활동적이다가 점점 몸이 커져 파충류와 비슷해지면서 활발함을 잃었다고 할 수 있다. 그렇게 큰 몸집으로 코끼리보다 활발하게 움직였을 리는 없지 않은가.

  공룡은 태어나서 죽기 전까지 몸집이 몇십 배나 커졌다. 새끼와 어미의 체격 차이는 포유류나 조류보다 훨씬 더 컸다. 거대한 공룡도 한때는 몸집이 작았으니 공룡은 모두 최소한 새끼 때만큼은 새처럼 활동적이었을 것이다. 공룡은 평생에 걸쳐 다른 동물들처럼 습성이 변화했다고 생각해야 할 것이다.

시조새는 가장 오래된 새가 아니다?

독일에서 발견된 가장 오래된 새, 시조새

일부 수각류가 진화해서 새가 되었다는 사실은 현재 정설로 굳었다. 그렇다면 새와 공룡의 경계는 무엇일까? 새가 공룡과 다른 점은 '하늘을 난다는 것'이다. 새에게는 '풍절우'라고 해서 비행하기 위해 발달시켰으며 좌우가 비대칭인 깃털 날개가 있는데, 새는 그것을 이용해서 하늘을 난다. 또 풍절우가 달린 날개가 있던 동물은 하늘을 날았을 것으로 예상할 수 있다.

풍절우가 있고 하늘을 날 수 있다면 그것이 바로 새다. 단순히 그렇게 정의해도 좋다고 생각한다. 1861년 독일에서 풍절우가

있고 날개 흔적이 남은 동물의 화석이 약 1억 5,000만 년 전의
쥐라기 후기 지층에서 발견되었다. 그 동물에게는 가장 오래된
새이자 '고대의 날개'를 뜻하는 아르카이오프테릭스라는 이름이
붙었다. 이는 시조새라는 이름으로도 알려져 있다.

그러나 2009년 중국의 약 1억 6,000만 년 전 지층에서 똑같이
풍절우 날개를 가진 동물인 안키오르니스의 화석이 발견되었다.
안키오르니스는 몸길이의 절반을 차지하는 꼬리를 제외하면 몸
집이 제비보다 조금 더 크며, 풍절우 날개가 있어서 하늘을 날았
다는 사실은 틀림없다. 이런 날개를 갖고도 날지 못했다면 그것
이야말로 연구 대상이다.

따라서 안키오르니스는 새라고 봐도 좋다. 그러나 서양 연구자들은 이를 아주 작은 공룡으로 보고 새라는 사실을 인정하지 않았다. 안키오르니스는 시조새보다 약 1,000만 년이나 오래된 지층에서 발견되었다. 따라서 중국의 안키오르니스를 새로 인정하면 독일의 시조새는 '세계에서 가장 오래된 새'라는 칭호를 잃게 된다. 그것은 동시에 '세계에서 가장 오래된 새'가 유럽에서 사라진다는 것을 뜻한다. 서양인들은 인정하기 싫은 사실일 것이다. 아무리 연구자라 한들 인간이다 보니 그러한 심정은 이해가 가기도 한다. 그러나 시조새를 굳이 편들 이유도 없는 나는 안키오르니스가 틀림없는 새였다고 말할 수밖에 없다.

새인가 공룡인가

1장에서 설명했듯이, 소형 수각류인 벨로키랍토르는 안키오르니스에서 진화한 공룡 중 하나라고 볼 수 있다. 안키오르니스가 새였다면, 그 자손인 벨로키랍토르도 공룡이 아니라 사실은 새였다고 생각할 필요가 생긴다. 날개가 작았던 벨로키랍토르는 몸 크기로 짐작건대 하늘을 날 수는 없었다. 그러나 하늘을 날지 못한다고 해서 새가 아니라고 할 수도 없다. 타조나 에뮤 등 날지 못하는 새도 많기 때문이다. 몸집이 큰 그들은 하늘을 나는

대신 땅 위를 빨리 뛰면서 몸을 지키도록 진화한 새다. 벨로키랍토르나 트로오돈 등 안키오르니스에서 진화한 수각류는 타조 등과 마찬가지로 몸집이 커지면서 2차적으로 하늘을 날 수 없게 된 새라고 생각할 수도 있다.

그렇게 따지면 어디까지가 새이고 어디까지가 공룡인지 그 선을 긋기가 어려워진다. 티라노사우루스도 조상을 따라 거슬러 올라갈수록 몸집이 작고 깃털이 복슬복슬했다는 사실이 알려져 있다. 더 올라가면 안키오르니스와 몸집이 비슷하고 새와 비슷한 모습이었을지도 모른다. 그렇다면 티라노사우루스까지 '날지 못하게 된 새'가 될 수도 있다.

레서판다와 무늬가 비슷한 공룡

깃털에 남은 공룡의 색깔

우리는 공룡 도감이나 영화에서 검정이나 회색, 갈색이나 녹색 등 다양한 색깔의 티라노사우루스를 볼 수 있다. 지금까지 공룡이 어떤 색이었는지는 아무도 모르며 알 방법도 없다는 생각이 지배적이었다. 공룡 피부가 화석으로 남아 있는 경우는 거의 없고, 남아 있다 해도 살아 있을 때 색을 그대로 유지하는 경우는 없기 때문이다.

그래서 색깔은 대부분 공룡 모습을 그리는 제작자들이 정한다. 그때 코끼리나 악어, 새 등 현재 살아 있는 동물 가운데 공룡과 비슷해 보이는 동물의 피부 질감이나 색깔을 참고한다. 최근에는 새와 비슷하게 그리는 경우가 늘어났다. 재미와 생동감에 비중을 둔다면 강렬해야 하므로 그림을 그렸을 때 잘 살아나는 색이나 난폭해 보이는 질감을 선택하는 경우도 있다고 한다.

그러나 21세기로 들어선 뒤 아직 일부이기는 하지만 공룡의 실제 피부색을 알 수 있게 되었는데 이러한 흐름은 깃털과 관련이 있다. 1990년대 이후 깃털을 가진 공룡 화석이 발견되면서 21세기에 들어와 깃털의 흔적에서 그 색깔을 짚어내는 방법이 완성된 것이다.

깃털은 어음(돈을 주기로 약속한 표 쪽으로 예전에는 종이에 찍어 발행했다 – 옮긴이)처럼 표면 모양이 돌에 프린트된 상태에서 화석으로 남는다. 진흙처럼 입자가 고운 토양에서는 깃털 색을 나타내는 미세한 구조까지 고스란히 찍히는 경우가 있다. 이 구조는 멜라노솜이라 불리는데, 전자현미경으로 살펴보면 오돌토돌해 보인다. 멜라노솜은 그 구조(크기나 형태)에 따라 다른 색으로 발색한다. 멜라노솜의 구조를 읽어내는 기술이 개발되면서 색을 복원할 수 있게 된 것이다.

밝혀진 공룡의 색깔

이 방법으로 알게 된 것은 깃털의 색이다. 따라서 당연히 깃털이 화석으로 보존된 공룡의 피부색밖에 알 수 없다. 게다가 깃털의 흔적이 아주 좋은 상태로 남아 있어야 한다. 그 때문에 지금까지 색을 복원해낸 공룡은 다섯 종류 정도다.

그중 세 종류는 안키오르니스, 미크로랍토르, 시조새인데, 모두 공룡이라기보다는 새라고 할 수 있다. 안키오르니스는 검은색, 회색, 흰색으로 머리에 붉은 볏이 달려 있다. 미크로랍토르나 시조새는 거의 까만색이었던 듯하다.

확실히 공룡이라고 할 수 있는 동물 가운데 색깔을 알아낸 것은 세계 최초로 깃털이 확인된 시노사우롭테릭스이다. 날개는 없고 온몸에 솜털이 나 있었으며 등에서 꼬리까지는 오렌지색, 꼬리는 오렌지색과 흰색 얼룩무늬로 상당히 독특했던 것 같다. 마치 레서판다를 연상케 한다.

깃털을 잃은 공룡의 색깔을 알아내는 방법은 현재까지 찾지 못했지만, 앞으로는 색과 관련된 어떠한 정보가 더 발견될지도 모른다.

날개가 생기기까지

 깃털은 보온하느라 생겨났다?

　　공룡에게 언제부터 깃털이 났는지는 아직 확실히 밝혀지지 않았다. 그러나 약 1억 6,000만 년 전 존재했던 안키오르니스에게 구조가 복잡한 풍절우가 있었다는 사실로 추측해보건대, 그전에는 단순한 깃털 단계가 있었을 테니 처음 깃털이 나타난 시기는 최소한 2억 년도 더 전일 것이다. 가장 오래된 공룡이 약 2억 3,000만 년 전 나타났으니 그때까지 거슬러 올라가도 이상하지 않다. 즉 공룡은 처음 나타났을 때부터 이미 깃털로 덮여 있었을 가능성이 높다. 영화에 나오는 고질라처럼 생긴 공룡은 존재하지 않았다고 해도 좋을 것이다.

공룡의 깃털은 원래 파충류에게서 보이는 비늘이 변화한 것이다. 가장 원시적인 단계의 깃털로는 앞서 소개한 시노사우롭테릭스의 것이 발견되었다. 시노사우롭테릭스는 안키오르니스보다 늦은 시대에 살았는데, 깃털은 풍절우로 진화하지 않아서 거의 털이라고 봐도 좋다. 즉 온몸이 병아리 솜털 같은 것으로 덮여 있었는데, 하늘을 날 필요가 없었으므로 원시적인 깃털을 그대로 유지한 것이다.

깃털은 보온 때문에 났던 것으로 추측된다. 초기 공룡은 몸길이가 2미터 정도로 작았기 때문에 체온이 변하기 쉬워서 보온할 필요성이 높았을 것이다. 기온이 내려가는 새벽에 활동하려면 체온을 유지하는 기능이 꼭 필요하다.

1장에서도 설명했듯이, 공룡이 나타난 트라이아스기 시대 지구에는 판게아대륙이라는 거대한 초대륙이 한 덩어리로 존재했다. 즉 육지 부분은 해안에서 멀리 떨어져 상당히 건조했을 것이다. 그런 환경에서는 사막에 가까운 평원이 발달한다. 낮과 밤의 기온 차이와 계절에 따른 기온 변화는 분명히 컸을 것이다. 내가 조사했던 아르헨티나의 가장 오래된 공룡 화석 산지 이치구알라스토가 정확히 그런 곳이다. 동물 화석은 발견되는데 식물 화석이 거의 발견되지 않는다는 것은 무척 건조하고 혹독한 환경이었다는 뜻이다.

　비슷한 시기에 포유류 조상도 등장했는데, 몸은 쥐 정도 크기에 야행성 동물로 추측된다. 초기 공룡은 소형 육식 동물이었는데, 이러한 포유류의 조상을 주로 잡아먹었을 것이다. 그렇게 되면 공룡들 역시 기온이 낮은 밤에도 활동하는 것이 중요하다. 공룡의 깃털은 포유류가 만들어낸 진화의 하나라고 할 수 있지 않을까?

　1990년대에는 소형 수각류의 깃털밖에 발견되지 않았지만, 21세기에 들어와 몸길이가 10미터 가까이 되는 유티라누스(티라노사우루스류) 등 대형 수각류에서도 깃털이 발견되었다. 게다가 원시 조반류인 쿨린다드로메우스에서도 확인되었다.

　쿨린다드로메우스는 2014년 러시아 바이칼호 근처의 쥐라기 중반쯤(약 1억 6,000만 년 전)에 해당하는 지층에서 발견되었다. 몸길이가 1.5미터 정도밖에 되지 않는 소형 초식 공룡이다. 꼬리와 뒷다리의 무릎 아래쪽을 제외하고는 온몸이 깃털로 덮여 있었다는 사실이 밝혀졌다. 복원한 그림을 보면 마치 병아리에게 긴 꼬리를 붙여놓은 듯하다. 쿨린다드로메우스는 조반류 중에서도 가장 원시적인 모습에 가까우므로 이 발견은 조반류를 포함하여 대부분 공룡에게 깃털이 발달했을 가능성이 높다는 사실을 알려준다.

깃털이 화석으로 잘 보존된 공룡은 대부분 안키오르니스나 쿨린다드로메우스처럼 자그마한 공룡이었다는 사실로 미루어보면, 몸집이 작았던 초기 원시 공룡에게는 체온을 일정하게 유지하기 위한 깃털이 이미 발달했다고 추측하는 것이 이치에 맞는다.

몸집이 커질수록 체온도 잘 변하지 않으므로 공룡은 대부분 몸집이 커지는 과정에서 깃털이 사라지거나 눈에 띄지 않게 된 것으로 추측된다. 몸집이 거대해진 다음에도 알에서 갓 태어난 작은 새끼는 보온을 위해 복슬복슬한 깃털로 덮여 있었을 테지만 말이다.

또한 북아메리카 알래스카의 백악기 화석 산지에서는 거북이나 악어 등 파충류 화석이 발견되지 않은 것으로 보아 이곳이 겨울철에는 영하로 떨어지는 한랭하고 혹독한 환경이었을 것으로 생각된다. 그러나 이 땅에서는 각룡류인 파키리노사우루스나 수각류인 나누크사우루스(티라노사우루스류) 등 대형 공룡의 화석이 발견되었다. 이러한 환경에서는 대형 공룡도 시베리아의 매머드처럼 두꺼운 모피를 발달시켰을 가능성이 있다. 그들의 깃털은 직접 증거로 발견되지는 않았지만, 공룡은 원래 깃털이 있는 동물이라고 생각해보면 깃털을 두껍게 발달시킴으로써 극한 추위에 대처했을 거라는 예상이 가능하다.

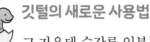

깃털의 새로운 사용법

그 가운데 수각류 일부는 하늘을 나는 시도를 했다. 나무와 나무 사이를 점프하며 다니다가 공중에 떠 있는 시간을 늘리기 위해 앞다리에 날개 같은 것이 조금씩 자라났다. 그 날개에 달린 깃털도 하늘을 날 수 있도록 진화했는데 그것이 바로 풍절우다. 길고 튼튼한 깃축을 중심으로 털이 좌우 비대칭으로 늘어서 있다. 이 구조가 양력을 쉽게 얻을 수 있게 만들어준다. 그야말로 하늘을 날기 위해 생겨난 깃털인 것이다.

이 풍절우가 달린 날개를 가지게 되면서 일부 수각류는 먼 거리도 날갯짓으로 날 수 있게 되었다. 그 말인즉, 새로 진화했다는 뜻이다. 약 1억 6,000만 년 전 있었던 안키오르니스가 거의 완전한 새였으므로 그 이전인 쥐라기 초기 즈음에는 새와 비슷한 공룡이 나타났을 것이다.

풍절우는 상당히 공이 들어간 구조다. 이렇게 복잡한 구조는 돌연변이를 반복하다 우연히 한 번 완성되었을 것이다. 수렴 진화(환경에 적응하기 위해 종류와 상관없이 비슷한 특징을 갖게 되는 것) 결과로 여러 번 이 구조에 이르렀으리라고는 상상할 수 없다. 풍절우가 달린 동물인 안키오르니스나 미크로랍토르, 시조새가 모두 조상이 같은 새라고 할 수 있는 증거가 아닐까?

하늘을 향한 범상치 않은 도전

하늘을 나는 파충류 익룡

공룡 시대에 하늘을 날았던 동물이라고 하면 사람들은 대부분 프테라노돈 등 익룡을 떠올릴 것이다. 앞서 설명했듯이 익룡은 공룡이 아니다. 공통된 조상에서 나왔지만 트라이아스기 전기 즈음 분리되어 발달한 다른 그룹이다.

익룡은 트라이아스기 후기에는 이미 하늘을 날 수 있었다. 그들은 하늘을 날기 위해 발가락에서 다리까지 걸쳐 있는 막을 날개로 사용했다. 포유류인 박쥐의 날개와 흡사한데, 박쥐는 발가락 네 개로 막을 지탱하는 반면, 익룡은 넷째발가락 하나로 지탱

했다는 차이가 있다.

날개를 편 길이가 7~8미터 되는 프테라노돈이나 2미터 정도 되는 람포린쿠스처럼 익룡 중에는 하늘을 나는 동물치고 몸집이 거대한 경우가 많다.

주로 물고기를 먹었다고 하며, 진화 과정에서 머리가 점점 커지는 대신 이빨이나 긴 꼬리는 자취를 감추게 되었다. 하늘을 날려면 조금이라도 몸을 가볍게 할 필요가 있었을 것이다. 우리가 아는 새에게 이빨이나 꼬리가 없는 것도 같은 이유일지 모른다.

사상 최대 익룡이라 불리는 케찰코아툴루스는 날개를 편 길이가 12미터나 되었다고 한다. 이렇게 몸집이 커도 체중이 100킬로그램 정도만 넘지 않으면 하늘을 날 수 있었다고 예상해왔다.

그러나 내가 얻은 케찰코아틀루스의 왼쪽 위팔뼈를 매우 정교하게 재현한 복제품은 실제 크기와 같은데, 길이가 54센티미터나 된다. 위팔뼈만 해도 이렇게 큰 동물의 체중이 겨우 100킬로그램밖에 되지 않았을까?

사실 케찰코아틀루스의 뼈는 이 어깨뼈밖에 발견되지 않았다. 케찰코아틀루스로 추측되는 거대 익룡의 전체 골격은 거의 증거가 없는 모조품이라고 할 수 있다. 아마 케찰코아틀루스는 몸이 너무 무거워 날지 못했거나 날 필요가 없었던 것이 아닐까 추측할 수 있다. 몸이 일정 수준 이상으로 커져 무거워지면 당연히 하늘을 날 수 없다. 새 중에도 타조나 펭귄 등 하늘을 날지 못하는 종류가 있듯이 어쩌면 익룡 중에도 '몸집이 커져 하늘을 날지 않는 익룡'이 존재했을지도 모르는데, 그 실체가 밝혀지려면 더 기다려야 한다.

공룡에서 새가 나타나다

익룡이 하늘로 진출하고 나서 쥐라기 전기 무렵에는 공룡 가운데 수각류 일부가 날개를 갖추고 깃털을 풍절우로 진화시켜 하늘을 노리기 시작했다. 그리고 쥐라기 중기 무렵에는 안키오르니스가 거의 완벽한 새로 진화했다. 쥐라기에 새라고 할 수 있는 종은 안키오르니스와 시조새 말고는 거의 발견되지 않았으므로 쥐라기에는 아직 새가 다양화하지 않았을 것으로 추측된다.

중국의 한 곳에서는 백악기로 접어드는 층에서 새 화석이 무더기로 발견되었는데, 이를 포함하여 몇십 종류나 되는 새가 발견되었다. 즉 새의 다양화가 일어난 것은 백악기 이후라는 뜻이다. 새는 공룡(혹은 하늘을 날지 않는 새)이 멸종된 뒤에도 살아남아 현재까지 크게 번성하고 있다는 사실을 다들 알 것이다.

익룡도 아니고 새도 아닌 하늘을 나는 공룡 이치

깃털을 발달시켜 날개를 얻고 새로 진화한 공룡이 있는가 하면, 다른 접근법으로 하늘에 다가가려고 도전한 공룡이 있다. 그것은 쥐라기 후기 중국에서 서식했던 이치다. '이'가 속명이고 '치'가 종소명으로 동물 가운데 학명이 가장 짧다. 속명만 표기해도 되지만, 이 책에서는 발음을 헷갈리지 않기 위해 '이치'라 표기하겠다.

이치는 꼬리를 빼면 제비보다 조금 큰 수각류인데, 겉모습은

● 이치 ●

거의 박쥐와 비슷해서 박쥐처럼 발가락 사이에 막이 달려 있었다. 발가락 세 개나 네 개로 막을 지탱했으므로 발가락 한 개로 막을 지탱한 익룡과는 완전히 다르다.

이 막을 이용해 하늘을 날았다고 추측되는데, 잘 날지 못했으리라는 해석도 있어서 비행 능력이 어느 정도였는지는 확실히 밝혀지지 않았다. 이렇게 큰 막이 있는 이상, 최소한 나무 사이를 활공할 정도는 되지 않았을까 한다. 몸집이 작았으니 날개를 퍼덕이며 날았다 해도 이상하지는 않다. 아무튼 어느 정도는 날 수 있었을 것으로 보인다.

막은 피부가 늘어나서 만들어지므로 피부로 이루어져 있었다. 익룡도 그렇고 날다람쥐나 하늘다람쥐처럼 활공하는 소형 포유류도 그렇고 막을 펼쳐서 난다. 이러한 막이 수렴 진화로 다양한 동물에게 몇 번이나 나타났다는 사실에서 알 수 있듯이, 피부를 막처럼 발달시키는 것은 그렇게 어려운 일이 아니었던 것으로 보인다. 거듭 말하지만, 풍절우처럼 복잡한 구조가 수렴 진화로 여러 번 이루어졌으리라는 생각은 할 수 없다.

이치 화석은 중국의 쥐라기 후기 지층에서 아주 조금만 발견된 것으로 보아 그 시기에 그 지역에서만 서식했다가 멸종한 것으로 보인다. 백악기에 접어들어 새가 점점 다양해지면서 단숨에 그 수가 늘어나 이치처럼 실험적이라고 할 수 있는 동물은 갈 곳을 잃었는지도 모른다.

공룡이 하늘을 날고자 시도한 방법은 한 가지가 아니었다. 일부 공룡은 새가 되어 완벽하게 하늘을 날았다. 그 뒤에서 모습을 감춘 이치도 어느 정도는 그 시도가 성공을 거두었다고 할 수 있다. 화석으로 남았다는 것은 일시적이라 할지라도 번성했던 시절이 있었다는 것을 뜻하기 때문이다.

몸집이 커진 덕분에 가성비가 좋아지다

 항온성과 변온성

생물의 체온은 항온성과 변온성으로 나눠 성질을 살펴볼 수 있다. 새나 포유류 등은 항온성, 파충류나 어류 등은 변온성이다. 항온성은 한마디로 '자신의 체온을 갖고 있는 것'이다. 식사를 해서 섭취한 음식물 일부를 체내에서 열로 바꿔 체온을 유지하는 성질이다. 체내에서 직접 열을 만들어낼 수 있으므로 기온 변화와 상관없이 활발히 활동할 수 있지만, 열을 만들어내는 연료로 쓰일 음식물을 대량 섭취해야 한다.

그와 반대로 변온성은 체온이 외부 환경에 영향을 받는 성질이다. 섭취한 음식물은 몸의 영양이 되지만, 그것을 열로 바꿀 수는 없다. 환경에서 얻은 에너지로 체온이 결정되므로 체온을 높이려면 햇볕을 쬐는 등 노력을 해야 하는 데다가 기온이 떨어지는 밤이나 겨울철에는 활동을 하지 못한다. 그러나 항온성 동물에 비해 10분의 1 정도의 음식물만 섭취하면 된다. 변온성 동물은 먹는 양에 대한 가성비가 압도적으로 뛰어난 것이다. 예를 들어 뱀 중에는 1년에 식사를 딱 한 번만 하고 살아가는 종류도 있는데, 항온성 동물은 생각도 할 수 없는 일이다.

그렇다면 공룡은 항온성이었을까, 변온성이었을까? 앞서 설명했듯이 공룡은 나타난 시점에 이미 깃털이 있었고, 진화한 공룡도 모두 최소한 새끼 때는 깃털로 덮여 있었을 것으로 본다.

깃털에는 열이 전달되는 것을 막아주는 단열 효과가 있다. 그래서 깃털이 있으면 외부 온도가 변해도 체내 온도를 어느 정도 일정하게 유지할 수 있다. 그러나 외부 열을 받아들일 수도 없으므로 체내에서 열을 만들어낼 필요가 생긴다. 다시 말해 깃털이 있다는 것은 자기 체온이 있는 항온성이었다는 뜻이다. 파충류처럼 변온성이라 햇볕을 쬐어 체온을 올렸다면 깃털도 필요 없다. 깃털로 덮여 있으면 햇볕을 쬐는 데 오히려 방해된다.

공룡이 체내에서 체온을 유지하는 구조가 현재의 새나 포유류와 비교할 때 어느 정도였을지, 공룡의 종류에 따라 얼마나 차

• 항온성과 변온성 •

항온성	변온성
조류	파충류
포유류	양서류
	어류
· 체내에서 체온을 조절한다.	· 외부 환경으로 체온을 조절한다.
· 기온 차이가 있어도 활동할 수 있다.	· 기온이 낮으면 활동하지 못한다.
· 식량을 많이 먹어야 한다.	· 많이 먹지 않아도 된다.

이가 있었는지는 알 수 없지만 모든 공룡이 어느 정도는 자기 몸 안에서 열을 만들어냈다는 사실은 틀림없다. 따라서 밤에도 움직일 수 있었다.

이것도 앞에서 설명했지만, 초기 공룡은 몸집이 작고 대부분 고기를 먹었다. 그들은 우리의 조상인 포유류를 주식으로 삼은 것으로 보인다. 그 당시 포유류로는 쥐 같은 것들을 꼽을 수 있다. 소형 포유류는 기본적으로 야행성이다. 그 포유류를 잡아먹으려면 공룡도 밤에 움직여야 했다. 공룡이 항온성이 된 이유 중 하나는 야행성인 포유류를 먹기 위해서라고 추측된다.

크기가 크면 잘 식지 않는다

항온성은 체온을 유지하기 위해 많이 먹어야 한다는 점에 어려움이 있다. 항온성인 포유류나 새는 섭취한 음식 중 80퍼센트를 열로 바꾼다. 그래서 변온성인 파충류와 비교하면 양에 비해 5~10배에 상당하는 음식을 먹어야 한다. 다시 말해 가성비가 매우 좋지 않다.

몸집이 커진 공룡은 그런 가성비를 따졌을 때 장점이 있었다. 몸집이 점점 커지니 몸 부피에 대한 표면적의 비율이 작아진 것이다. 체온은 몸의 표면에서 빠져나가므로 몸이 커질수록 체온은 잘 내려가지 않는데, 이를 '관성항온성'이라고 한다.

몸길이가 5~10미터 이상으로 몸집이 커진 공룡은 깃털이 거의 없어도 이 관성항온성 덕분에 체온이 거의 변하지 않았을 것으로 추측된다. 오히려 깃털이 있으면 체온이 너무 높아질 수 있다. 그 때문에 거대하게 진화한 어미 공룡은 2차적으로 깃털이 없어졌다고 볼 수 있다.

체온 변화가 적으면 몸 크기에 비해 먹는 양이 줄어들어도 괜찮다. 예를 들어 몸은 10배로 커졌지만 음식은 5배 정도만 먹어도 된다는 뜻이다. 관성항온성 덕분에 체온을 유지하기 위한 항온성 구조에 에너지를 쏟지 않아도 되어 몸의 가성비가 좋아진 것이다.

쥐나 두더지 등 항온성으로 몸집이 작은 동물은 바로 체온이 떨어지기 때문에 계속 무언가를 먹어야 한다. 두더지는 매일 자기 몸무게의 절반에 해당하는 지렁이를 먹어야 살 수 있다. 그래서 하루라도 먹을 것이 없으면 당장 굶어 죽는다. 몸이 커지면 체내에 어느 정도 영양을 저장할 수 있어서 갑자기 굶어 죽는 일은 없다. 공룡은 몸집이 커지면서 체온과 영양을 모두 안정된 상태로 유지할 수 있었다.

깃털공룡은 새처럼 알을 품었다

여러 가지 공룡알 이야기

공룡알은 아무리 커도 농구공 크기 정도다. 대체로 육식 공룡의 알은 길쭉하고 초식 공룡의 알은 동그랗다.

공룡은 몸집이 클수록 알을 많이 낳았을 것으로 추측된다. 예를 들어 거북도 바다거북처럼 몸집이 큰 거북은 해마다 100~1,200개나 되는 알을 낳는데, 작은 거북은 한두 개 정도밖에 낳지 않는다.

공룡을 포함하여 많은 동물은 몸의 크기와 상관없이 몸을 차지하는 난소의 비율이 일정하므로 몸집이 큰 종일수록 난소 크

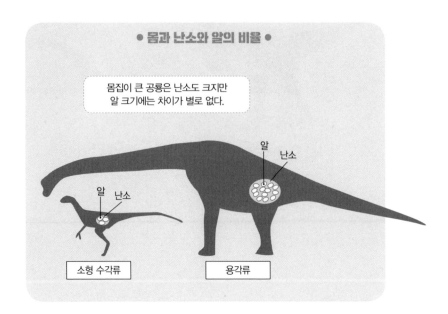

● 몸과 난소와 알의 비율 ●

몸집이 큰 공룡은 난소도 크지만
알 크기에는 차이가 별로 없다.

알   난소

알   난소

소형 수각류

용각류

기도 크다. 그러나 알 크기는 몸 크기와 상관이 없어 큰 차이가
없다. 그 말인즉, 진화해서 몸이 커져도 알 크기는 변하지 않고
난소 크기만 같이 커지므로 그만큼 알 개수가 대량으로 늘어난
다는 뜻이다. 그래서 공룡도 대형일수록 알을 많이 낳았을 것으
로 추측된다.

수각류는 웅크릴 수 있어서 새처럼 쭈그리고 앉아 알을 품었
을 것으로 보인다. 조반류 공룡은 모두 무릎을 굽힐 수 있어서 수
각류처럼 앉은 자세로 알을 낳았을 것이다. 용각류는 무릎 관절
이 유연하지 않아 거의 굽히지 못했던 탓에 알을 앉아서 낳을 수

없었다. 그런데 몸이 거대했으므로 선 채로 알을 낳으면 5미터 정도 되는 높이에서 알이 뚝 떨어지게 된다.

아무리 공룡알이 딱딱한 껍데기로 싸여 있다고 해도 그 높이에서 떨어지면 알이 깨지고 만다. 그래서 알을 낳을 때는 땅으로 내리기 위한 산란관이 어미 몸에서 쭉 뻗어나왔다는 말도 있다. 그 증거는 남아 있지 않지만 알을 깨뜨리지 않는 방법이 분명히 있었을 것이다.

새처럼 알을 품었던 깃털공룡

공룡에게는 새처럼 알을 품는 습성이 있었다고 알려져 있다. 알을 품었거나 지키던 상태로 죽은 소형 수각류 키티파티의 화석도 발견되었다. 다 자란 몸이 주변에 늘어놓은 알을 덮듯이 앞다리를 펼치고 있었고, 알 속에는 같은 종의 새끼가 들어 있었다. 그럼 공룡이 언제부터 알을 품게 되었는지 궁금해지는데, 깃털이 난 시점에 이미 알을 품는 습성도 갖고 있었을 가능성이 있다.

깃털이 있으면 체온을 유지할 수 있으므로 그 체온을 이용해 알 온도를 일정하게 유지할 수 있다. 특히 기온이 떨어지는 밤에 어미가 알 위에 앉아 잠들면 알의 보온에 매우 효과적이다. 알이

일정한 온도로 유지되면 환경이 달라져도 알이 부화할 확률이
높아진다.

파충류는 알을 품지 못하지만 파충류 알은 내버려둬도 하루
중 일정한 시간과 기온이 30도를 넘는다는 조건이 충족되면 저
절로 부화한다. 그 대신 파충류는 1년 중 기온이 높은 시기에만
알을 낳으므로 서식하는 지역도 한정적이다.

만약 깃털 달린 공룡이 새와 체온이 비슷하다면 여름 외에 다
른 계절이든, 한랭지에 있든 상관없이 35~40도 정도의 안정적인
온도로 알을 품을 수 있다.

엄밀히 따져 깃털이 있으면 몸의 열이 잘 빠져나가지 않으므로 알을 품기에는 적합하지 않다. 인간으로 비유하면 옷을 입은 채 알을 품었을 때 알이 따뜻해지기가 더 어려운 것과 같은 이치이다. 알을 품는다면 옷 속에 넣어 직접 체온이 전해지도록 해야 할 것이다.

새도 알을 품는 시기에는 알과 닿는 부위의 깃털이 사라지고 피부가 그대로 드러난다. 공룡이 알을 품었다면 아마 새와 마찬가지로 배 부근 깃털이 빠졌을 것이다. 그러나 알을 품는다는 '새의 습성'도 몸집이 커지면서 사라졌다.

몸집이 작은 공룡은 알도 적게 낳으므로 알을 정성스럽게 품어 부화시키는 데 의미가 있었다. 그러나 앞서 설명했듯이 몸집이 커지면 낳는 알 개수도 늘어난다. 해마다 낳는 알 몇십 개 가운데 일부만 무사히 자란다면 개수로 생각했을 때 문제는 없으므로 굳이 정성스럽게 알을 품어 부화시킬 필요가 없는 것이다. 이런 점에서 생각해봤을 때, 공룡은 몸집이 거대해지면서 후천적으로 파충류처럼 알을 낳은 뒤 방치하게 되었을 것으로 추측된다.

우리가 아는 새 중에도 알을 땅 위나 낙엽 안에 낳고 지열이나 발효열을 이용하여 부화시키는 무덤새(메거포드)라는 종류가 있다. 갓 부화한 새끼는 어미의 보살핌을 전혀 받지 못하고 홀로 자란다. 무덤새는 후천적으로 알을 품거나 새끼를 돌보는 습성을 잃었을 것으로 추측된다. 한편, 뻐꾸기처럼 다른 새의 둥지에 알을 낳고 그 새가 새끼를 돌보게 하는 종류도 있다. 공룡도 새끼를 기르는 방법은 분명 가지각색이었을 것이다.

새끼 돌보기는 수컷의 몫이었다?

새의 습성을 가진 공룡은 새끼를 돌본다

공룡이 출산에 이어 어떻게 새끼를 길렀는지도 궁금하다. 몸집이 작은 공룡은 낳을 수 있는 알 개수가 제한되어 있었으므로 새끼를 돌봤을 것으로 보인다. 소형 수각류 외에 아직 몸집이 작고 두 발로 걸은 초기 조반류도 어느 정도 새끼 돌보기를 했을 개연성이 높다. 예를 들어 초기 각룡류 가운데 몸이 작고 두 발로 걸은 프시타코사우루스는 새끼 수십 마리가 어미와 같이 있는 상태에서 화석으로 발견되었다.

새끼를 돌보기는 했지만 먹이를 가져다주지는 않았을 것으로 보인다. 공룡 새끼는 알 속에 있는 단계에서 이미 골격이 잡혔으므로 부화하면 바로 어미와 똑같이 움직일 수 있었던 것이 확실하다. 제비나 참새의 새끼처럼 눈도 뜨지 못하는 시기를 거치지 않는다. 부화한 시점에서 이미 이빨도 다 났으므로 어미가 먹이를 가져다줄 필요도 없었을 것이다.

새끼 돌보기는 수컷이 담당

먹이를 가져다주지 않았다면 공룡은 어떤 식으로 새끼를 돌봤을까? 새끼를 돌봤을 것으로 추정되는 공룡의 화석을 보면, 알 개수는 20~30개로 자그마한 암컷 공룡 한 마리가 다 낳기에는 그 수가 좀 많다.

이때 타조와 에뮤에서 힌트를 얻을 수 있다. 그들의 둥지에도 암컷 한 마리가 낳을 수 있는 개수보다 더 많은 알이 있기 때문이다. 타조나 에뮤는 수컷이 먼저 둥지를 틀고, 거기에 암컷 여러 마리가 알을 낳는다. 둥지는 기본적으로 암컷과 교미한 수컷이 만드는데, 그중에는 상관이 없는 암컷도 섞여 있을지 모른다. 아무튼 암컷이 잇따라 알을 낳으러 오므로 둥지에는 50개 가까이 되는 알이 있다.

그리고 수컷이 알이나 새끼를 돌본다. 그래 봤자 알이 습격당하지 않도록 지키거나 갓 태어난 새끼를 데리고 같이 걸어주는 정도만 했지 먹이를 가져다주지는 않는다. 즉 새끼는 아빠를 따라 걷기는 하지만 먹이는 스스로 찾아 먹어야 한다. 당연히 새끼의 사망률이 높을 텐데, 그 대신 몇십 마리나 있으므로 어미로서는 굳이 세심하게 돌볼 필요는 없었을 것이다.

작은 공룡의 둥지에 알이 많았던 것도 타조처럼 암컷 여러 마리가 와서 한 둥지에 알을 낳았기 때문이라고 한다면 수긍이 가는 얘기다. 그렇다면 소형 공룡의 새끼 돌보기도 타조와 비슷한 방식이지 않았을까 추측할 수 있다. 수컷이 알을 품거나 돌보고 새끼 여러 마리를 거느린 채 걸어다녔을지도 모른다.

마이아사우라는 새끼를 돌보지 않았다

'착한 어미 도마뱀'이라는 뜻의 마이아사우라는 백악기 후기에 서식했던 오리주둥이 공룡이다. 새끼가 둥지 안에 있는 상태에서 화석으로 발견되었는데, 그 새끼의 이빨이 닳았다는 점과 둥지 안에 식물 화석도 같이 있었다는 점으로 미루어보아 어미가 새끼를 위해 먹이인 식물을 가져다줬을 것으로 추측했다. 그래서 이를 발견한 공룡 연구자 잭 호너가 그런 이름을 붙인 것이다. 그러나 현재 '마이아사우라가 새끼를 돌봤다'는 이 설에는

부정적 의견이 많아지고 있다.

　성장한 마이아사우라의 몸길이는 8~9미터로 코끼리보다 몸집이 크다. 그렇게 몸집이 큰 공룡은 한 마리가 낳는 알의 개수도 많아서 같은 시기에 새끼가 몇십 마리나 있었다는 뜻이 된다. 그렇게 새끼가 많으면 일일이 돌볼 필요가 없다.

　둥지 안에 다 같이 있었다 해도 어느 정도 클 때까지 우연히 그곳에서 움직이지 않았을 수도 있고, 스스로 먹이를 찾아 먹은 다음 둥지로 돌아와 있었는지도 모른다. 따라서 적어도 어미가 먹이를 가져다주었다는 확실한 증거는 되지 않는다.

몸집이 큰 공룡은 한 마리가 알을 많이 낳으므로 알을 지키거나 새끼를 돌볼 이유가 거의 없었다. 그래서 알을 낳기만 하고 그대로 두었을 것이다. 거대한 어미가 알 곁을 떠나지 않는다면 오히려 자그마한 알을 짓밟을 위험이 더 크다.

🦕 티라노사우루스는 자기 새끼를 먹으려고 했다?

뿔이 없는 각룡류로 잘 알려진 프로토케라톱스는 갓 태어난 새끼가 집단으로 모여 있는 상태에서 화석으로 발견되었다. 그 때문에 알을 막 깨고 나온 새끼들이 무리 지어 행동했을 거라는 의견이 많다.

스테고사우루스나 안킬로사우루스는 알이 발견되지 않았으므로 새끼를 어떻게 돌봤는지는 아직 밝혀지지 않았다. 그러나 뇌가 매우 작은 점이나 배설물을 먹는 생활을 했던 점으로 미루어 보면, 억척스럽게 새끼를 돌보는 이미지가 그려지지 않는다.

대형 수각류인 티라노사우루스도 몸 크기로 따지면 알 개수가 상당히 많았을 테니 알을 품거나 새끼를 돌보는 일도 하지 않았을 것으로 추측된다. 오히려 새끼를 보면 잡아먹으려고 쫓아다녔을 가능성도 있다. 공룡이 인간처럼 복잡한 사회성을 가진 것도 아니니 티라노사우루스에게 새끼는 먹잇감으로밖에 보이지 않았을 것이다.

악어의 경우도 새끼 악어는 어느 정도 자라면 어미에게 잡아먹히지 않으려고 어미 가까이 다가가지 않는다. 코모도왕도마뱀 새끼는 몸집이 큰 어미 악어가 나무에 오르지 못하는 점을 이용해 나무 위로 기어오른다. 그리고 나무 위에서 벌레 등을 먹으며 생활하다가 몸이 어느 정도 커져야 땅으로 내려온다. 티라노사우루스는 몸집이 거대해져 파충류와 비슷해졌으므로 이러한 파충류와 마찬가지로 새끼 때는 어미에게 잡히지 않으려고 나무 위로 올라갔을지도 모른다.

나중에 조류로 진화한 소형 수각류나 원시 조반류 등 몸집이 작은 공룡은 알을 적게 낳으므로 새처럼 알을 품거나 새끼를 돌봤다고 생각해도 좋지만, 몸집이 큰 공룡은 새와 비슷한 습성을 후천적으로 잃었으므로 새끼를 돌보지 않았을 것으로 추측된다.

공룡은 거북보다 더 오래 살았다?

적은 연비로 200년이나 살았다?

야생 동물의 수명은 기본적으로 이빨의 수명과 같다. 이빨을 못 쓰게 되면 먹이를 먹지 못해 생명을 유지할 수 없다. 예를 들어 50세를 넘을 즈음 어금니가 닳아 없어지는 야생 코끼리는 수명이 대체로 50년이다. 동물원에 사는 코끼리는 유동식 등을 먹으면 70세 정도까지 살 수 있다.

그런 점을 고려했을 때 많은 공룡은 죽을 때까지 이빨이 새로 나므로 굶을 걱정은 없었다. 그 덕분에 공룡은 상당히 오래 살았을 것으로 추측된다. 몸집이 크고 대사가 낮은 동물, 바꿔 말하면 체온 유지에 큰 에너지를 들이지 않는 동물은 보통 오래 사는 경향이 있다. 예를 들어 몸집이 큰 코끼리거북 중에는 200년이나 사는 것도 있다.

몸이 훨씬 더 거대하고 관성항온성 효과가 크며 대사가 낮은 용각류는 적어도 100~200년 정도는 살았을 수 있다. 용각류만큼 몸집이 크지 않은 티라노사우루스도 수십 년 정도는 살았을 것으로 보인다.

대형 공룡의 몸은 보통 성장을 멈추지 않고 평생 계속 불어나지만 시간이 갈수록 성장 속도는 점점 느려진다. 공룡 뼈 단면에는 나무에서나 볼 수 있는 나이테가 있다. 그것을 살펴보면 용각류는 20세 정도까지 폭풍 성장을 해서 어미 공룡만큼 성숙한 뒤로는 천천히 성장했다는 사실을 알 수 있다. 성장이 늦어지면 나이테를 읽을 수 없으므로 몇십 년까지만 나이테로 나이를 읽을 수 있다.

참고로 물 온도가 0도인 북극 바다에서 사는 그린란드 상어는 수명이 400년 정도로 추정된다. 그들은 체온이 물 온도와 똑같은 0도여도 살 수 있다. 이렇게 온도가 낮으면 체내 화학 반응이 느려지면서 대사가 지극히 낮아져 입이 떡 벌어질 만큼 오래 산다고 한다.

다친 흔적에서 알 수 있는 것

병에 걸린 흔적이나 상처가 있으면 수명은 짧아진다. 공룡이 걸렸던 병으로는 뼈암(골육종) 등이 있었다는 사실을 알아냈지만, 다른 병의 흔적은 화석으로 남아 있지 않아서 내장 계통 질환 등이 있었는지는 아직 밝혀지지 않았다.

상처 역시 뼈를 보고 확인 가능한 것만 알 수 있는데 티라노사우루스는 상처투성이였다. 아마도 티라노사우루스끼리 영역 다툼을 하거나 번식기에 암컷을 사이에 두고 싸우다 상처가 난 듯한데, 상당히 격렬하게 싸웠다는 사실을 엿볼 수 있다.

트리케라톱스나 오리주둥이 공룡 등이 티라노사우루스에게 뼈까지 덥석 물린 자국도 발견되었다. 물렸다가 나은 흔적도 있는 것으로 보아 살아 있을 때 공격을 당했다가 회복한 모양이다. 뼈까지 이빨이 박혔다면 상처가 꽤 깊었을 텐데, 그것을 이겨내고 살아남았다는 것이다.

초식 공룡은 무리를 지어 다녔으므로 부상당한 개체가 살아남도록 동료들이 돌봐주는 등 어떤 행동을 하지 않았을까 상상하는 이들도 있지만 아쉽게도 그들에게 그럴 만한 사회성은 없었을 것이다. 만약 그런 행동을 할 수 있었다면 뇌 크기가 더 컸을 것이다. 아무리 몸이 거대해도 뇌가 귤보다 큰 공룡은 없다. 공룡 중에서 뇌가 가장 컸던 공룡은 티라노사우루스인데, 그래 봤자 고양이 뇌 크기와 비슷하다. 몸 크기를 생각하면 고양이만큼 똑똑했을 거라는 생각은 들지 않는다.

공룡에게 상처가 나은 흔적이 있다는 것은 치명상이 아니었다는 뜻이다. 그러나 이는 티라노사우루스가 살아 있는 먹잇감을 덮쳤다는 것, 다시 말해 결코 청소 동물(시체식이라고도 하며 생물의 사체 따위를 먹이로 하는 동물을 통틀어 이르는 말 – 옮긴이)은 아니었다는 증거이다.

공룡은 사회성이 있을 만큼 똑똑하지 않다

초식 공룡의 가장 큰 방어 전략은 무리 짓기

초식 공룡인 용각류는 목이 아주 긴 데다 연약해서 이들에게는 목이 치명적 약점으로 보인다. 몸집이 커서 재빨리 도망칠 수도 없었던 이들이 몸을 지키는 방법은 무리 지어 다니는 것이었다.

발자국이 항상 무더기로 발견된 것으로 보아 용각류가 상당히 큰 무리를 지어 움직였다는 사실은 쉽게 예상할 수 있다. 어쨌든 그들은 몸집이 육식 공룡보다 훨씬 더 거대하다. 그렇게 큰 그들이 어떨 때는 몇백 마리씩 모여 다니니 천하의 육식 공룡도 우습게 볼 수 없었을 것이다. 잘못 다가갔다가는 짓밟히고 말기 때문이다. 티라노사우루스의 뇌가 아무리 작다 해도 그 정도 판단력은 있었을 것이다. 마찬가지로 초식 공룡인 각룡류나 오리주둥이 공룡도 무리 지어 다닌 것으로 알려져 있다. 초식 공룡으로서는 무리 지어 다니는 것이 가장 큰 방어 전략이었던 것이다.

육식 공룡이 무리 속으로 들어가 약한 개체를 공격하는 일도 있었겠지만 그렇게 하면 주변 동료들은 도망갈 필요가 없어지니 일시적으로 안전을 확보할 수 있다. 예를 들어 초식 동물인 토끼가 집단을 이루어 풀을 뜯고 있는데 육식 동물인 족제비가 다가오면 토끼들은 일단 도망치려 한다.

그러나 막상 토끼 한 마리가 족제비에게 잡혀 먹잇감이 되면 다른 토끼들은 도망치지 않고 다시 태평하게 풀을 뜯는다. 족제비는 먹이를 먹는 동안에는 다른 먹잇감을 사냥하지 않기 때문이다. 즉 토끼 한 마리가 잡아먹히는 동안 다른 토끼들은 공격받을 걱정을 하기는커녕 오히려 안전하다. 그 사실을 알기에 바로 옆에서 동족이 잡아먹히는데도 태연하게 풀을 뜯을 수 있는 것이다.

초식 공룡은 각자 육식 공룡에게 공격당할 위험을 줄이려고 무리 지어 다녔을 뿐 모여 다녔다고 해서 사회성이 뛰어났다고는 볼 수 없다.

육식 공룡은 모여 다니며 사냥하지 않는다

초식 공룡과 달리 육식 공룡은 무리 지어 다니지 않았다. 육식 동물은 보통 자신의 고유 영역을 확보하고 그 안에서 먹이를 찾는다. 이렇게 되니 자신 말고 다른 육식 동물이 가까이 있으면 싸우려고 들었기 때문에 문제가 벌어진다.

그래서 육식 동물은 이를테면 동료끼리 힘을 모아 사냥하는 등 엄청나게 유익한 행동을 하지 않는 이상 무리 지어 다니는 것이 의미가 없다. 육식 동물 중에서도 사자, 늑대, 개 등은 무리 지어 사냥하는데, 이는 이들이 지능이 높기 때문에 가능한 일이다.

공룡 중에서 뇌가 가장 큰 티라노사우루스도 고양이 뇌 크기와 비슷한 수준이라는 점을 생각해보면, 육식 공룡이 무리 지어 사냥할 정도로 머리가 좋았을 것 같지는 않다. 영화나 방송에서는 티라노사우루스 어미와 새끼가 같이 사냥을 나서거나 벨로키랍토르끼리 모여 교활한 작전을 펼치며 사냥하는 장면이 나오는데, 이는 겉모습만 보고 상상한 것일 뿐이다.

확실히 수각류 화석이나 발자국이 무더기로 한데 발견되는 일은 적지 않다. 그러나 설령 무리 지어 다녔다 해도 모여서 무슨 일을 했는지 판단하기는 어렵다. 다 같이 모여 사냥했다고 단정할 만한 증거가 없기 때문이다.

오히려 무리 지어 다녔다면 그 수각류가 정말 육식을 했는지 의문스러워진다. 식물은 어디에나 널려 있어서 초식 공룡이 무리 지어 다녀도 먹잇감을 서로 빼앗을 필요가 없는 반면, 고기는 귀한 음식이었다. 사회성이 매우 뛰어난 늑대처럼 서로 나눠 먹을 수 있는 것도 아니다 보니 육식 동물이 무리 지어 산다는 것은 문제가 있었다. 그렇게 유추해보면, 무리 지어 다닌 수각류는 순수한 육식이 아니라 잡식이거나 초식이었을 가능성이 크다고 볼 수 있다.

결국 초식 공룡이나 육식 공룡이 모여 다녔을 수는 있어도 사회성이 뛰어났다는 설을 지지하는 증거로는 충분하지 않다.

이빨로 추리하는 공룡의 식성

육식 공룡의 이빨은 무는 방법이 각자 다르다

공룡이 무엇을 먹었는지 따질 때 가장 큰 단서가 되는 것이 이빨이다. 많은 공룡은 평생 이빨이 새로 자라났다. 공룡 가운데는 수각류만 육식을 했는데 수각류 이빨은 기본적으로 알파벳 D자 모양에 끝이 뾰족하게 솟아 있다. 이빨 가장자리는 톱날처럼 들쭉날쭉한데, 이것을 '톱니'라고 한다.

티라노사우루스보다 체형이 늘씬했던 알로사우루스나 케라토사우루스의 이빨은 칼처럼 얇았다. 이런 이빨은 스테이크를 써는 나이프처럼 고기를 잘라내는 데는 적합하지만, 뼈에 닿은 상태에서 세게 힘을 주면 부러지고 만다. 그래서 먹잇감을 세게 물기보다는 찢어내듯이 먹었을 것으로 추측된다.

티라노사우루스의 이빨은 무척 크고 두꺼우며 턱으로 씹는 힘도 강해서 먹잇감을 뼈째 씹어 먹을 수 있었다. 배불리 먹으려면 죽은 동물도 상관하지 않아서 무조건 고깃덩어리 앞에 자리를 잡고 앉아 뼈까지 통째로 씹어 먹었다. 자기 새끼도 잡아먹을 기회가 있으면 거침없이 달려들었을 테고, 동료 티라노사우루스의 사체도 보이는 족족 먹었을 것이다.

톱니 없는 이빨은 잡식의 증거?

육식 동물은 자신의 영역 안에서 수명이 다하거나 병들어 움직이지 못하게 되어 무리에서 벗어난 초식 동물을 노려서 잡아먹는 전략을 취할 때가 있다. 쉽게 말하면 자신의 영역 안에 초식 동물의 목장이 있는 셈이다. 초식 동물이 떼를 지어 다니다 보면 매달 영역 안에서 움직이지 못하게 되는 개체가 어느 정도는 나올 테니 먹이를 구하지 못하는 일은 없다.

그러나 그 방법은 육식 동물의 수가 초식 동물의 수보다 훨씬 더 적을 때나 가능한 일이다. 우리 주변의 육식 동물을 보면 사자는 먹잇감이 되는 얼룩말이나 영양이 몇십 배나 더 많은 환경에

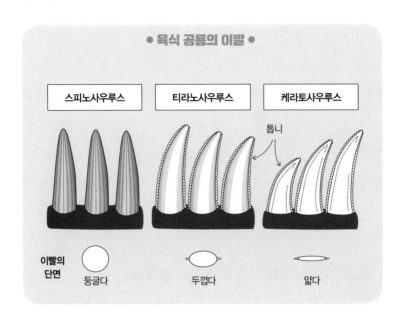

● 육식 공룡의 이빨 ●

| 스피노사우루스 | 티라노사우루스 | 케라토사우루스 |

톱니

이빨의 단면

둥글다   두껍다   얇다

서 살고 있다.

티라노사우루스는 같은 시대에 같은 지역에서 살았던 다른 초식 공룡과 비교하면 그 수가 훨씬 더 적었으므로 그러한 방법이 효과를 봤던 것으로 보인다. 여기서 문제가 되는 것이 티라노사우루스 계통으로 몽골에서 주로 화석이 발견된 타르보사우루스이다. 타르보사우루스는 몽골 전역에서 발견되는 육식 공룡 화석 가운데 가장 많은 수를 차지한다. 그래서 타르보사우루스가 무엇을 먹고살았는지가 공룡 연구자들 사이에서 풀리지 않는 수수께끼이다. 타르보사우루스는 정말 육식을 했을까?

티라노사우루스류인 스피노사우루스, 트로오돈 등 육식으로 분류되는 공룡 중에는 이빨에 톱니가 없는 것도 있기는 하다. 스테이크 나이프처럼 깔쭉깔쭉하지 않은, 즉 육식에 알맞은 이빨을 갖고 있지 않았다는 것은 그 공룡들이 육식만 한 것이 아니라 무엇이든 먹을 수 있는 잡식이었을 가능성이 높다고 할 수 있다. 티라노사우루스류라고 해서 모두 육식만 한 것은 아닌 모양이다.

식사하기에 딱 좋은 초식 공룡의 이빨

초식 공룡도 각자 다른 방식으로 먹이를 먹었다. 트리케라톱스 등 진화한 각룡류나 오리주둥이 공룡은 '덴탈 배터리'라 불리는 특이한 이빨 구조를 갖고 있었다. 덴탈 배터리는 수백 개에서 2,000개나 되는 작은 이빨이 여러 층으로 겹겹이 쌓여 있고 새로운 이빨이 계속 자라나는 구조로 되어 있다. 사용하던 이빨이 닳아서 빠지면 아래에 대기하던 새로운 이빨이 올라오는 방식이다. 이 구조 덕분에 이빨 상태가 늘 좋아 최상의 기능을 발휘할 수 있었다.

트리케라톱스는 재단기처럼 생긴 이빨로 식물을 잘게 뜯어서 씹은 다음 소화가 잘되는 상태로 만들어 삼켰다. 파라사우롤로푸스 등 오리주둥이 공룡은 턱과 이빨이 매우 튼튼해 신선한 식물

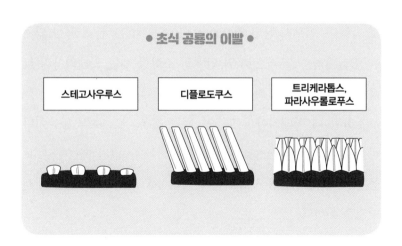

스테고사우루스

디플로도쿠스

트리케라톱스,
파라사우롤로푸스

을 입안에서 잘근잘근 씹은 다음 삼켰다.

용각류의 막대기같이 생긴 이빨은 꼬챙이가 꽂혀 있듯 일렬
로 나란히 자라났다. 브라키오사우루스의 이빨은 끝부분이 마치
숟가락처럼 구부러져 있지만, 디플로도쿠스처럼 더 진화한 용각
류의 이빨은 끝까지 곧게 뻗어 있었다. 용각류는 이빨을 심하게
소모했으므로 매달 이가 새로 자라난 것으로 추측된다. 이빨로
식물을 잘게 씹을 수 없는 대신 통째로 뽑아 그대로 삼켰던 것
같다.

용각류 화석 위 부분에서 작은 돌이 발견되자 먹은 것을 위 속
에서 으깨기 위해 돌을 같이 삼켰다는 의견도 나왔다. 그러나 삼
킨 돌의 양이 그렇게 많지 않아 정말 도움이 되었는가 하는 의문

도 남는다. 일부러 삼킨 것으로 보아 어떤 식으로든 도움이 되기는 했겠지만, 기본적으로 위 안에서 소화할 때는 박테리아의 도움을 받았을 것으로 추측된다.

소화할 때 박테리아의 도움을 받는 것은 어느 초식 동물이나 마찬가지다. 동물 스스로는 식물을 분해할 수 없기 때문이다. 보통 몸 안에서 식물을 분해하는 박테리아를 기르고 박테리아에서 영양을 취한다.

스테고사우루스나 안킬로사우루스 등은 이빨이 매우 작은 데다가 거의 닳지 않았다. 새로 난 이빨도 적었던 것 같다. 이빨이 작고 닳지 않았다는 데서 이빨에 부담을 주지 않는 먹이를 먹었다고 추측할 수 있다. 적어도 식물을 날로 먹는 것은 불가능하다. 그런 이유로 예상치 못한 식생활을 했을 가능성이 떠올랐다.

누가 배설물을 치웠을까

곤충은 공룡 배설물을 먹지 않는다

거대한 공룡이 몇백 마리나 무리 지어 다녔으니 먹는 양은 물론이고 배설량도 어마어마했으리라는 상상은 쉽게 할 수 있다. 공룡 한 마리만 해도 배설물을 매일 몇백 킬로그램이나 배출했을 텐데, 그걸 그대로 둘 리는 없다. 반드시 치우는 존재도 있었을 것이다.

현존 생물 가운데는 곤충이 배설물을 먹어 치우는데, 그들은 새나 파충류의 배설물은 먹지 않는다. 소변과 배설물을 같이 배설하는 새나 파충류의 배설물에는 요산이 섞여 있는데, 곤충은 그걸 싫어한다. 공룡의 배설물도 비슷했을 테니 곤충이 먹지 않았을 가능성이 높다.

장시간 방치하면 박테리아가 분해하겠지만 새로 배출되는 양이 너무 많았다. 곤충이 치워주지 않았다면 그때 아주 많이 존재했던 동물, 즉 일부 공룡이 그 역할을 담당했으리라고 보는 것이 자연스럽다.

앞서 봐왔던 것처럼 스테고사우루스나 안킬로사우루스 또는 파키케팔로사우루스의 이빨은 매우 빈약하고 턱도 작은 데다 씹는 힘도 인간보다 약할 정도였다. 이래서는 식물을 씹어 먹을 수 없다. 그러나 몸집이 크기 때문에 거의 씹지 않아도 되는 것을 대량 먹었다고 해석할 수 있다. 그와 일치하는 것이 바로 굳지 않은 부드러운 배설물이다.

그런 것을 먹고 영양을 충분히 보충할 수 있었을까 하는 의문이 드는데, 배설물에는 섭취한 식물의 영양가가 절반 정도 남아 있었을 것이다. 그러니 많이 먹으면 생존에 필요한 영양은 확보할 수 있었다.

 아무 생각 없이 풍부하게 얻을 수 있는 영양원

앞서 예로 든 세 공룡은 몸집 크기로 봤을 때 모두 소화기관이 상당히 컸을 것으로 추측된다. 일반적으로 식물을 먹는 동물은 소화기관이 매우 커야 하므로 배가 볼록한 경향이 있는데, 그들은 그중에서도 유난히 부풀어 오른 배를 자랑했다.

만약 주변에 널린 식물을 먹었다면 그렇게까지 소화기관이 클 필요가 없다. 영양가가 낮은 식물, 다시 말해 초식 공룡의 배설물을 대량 먹었다면 설명이 가능하다. 그들이 하나같이 고개를 숙이고 다니는 것도 땅 위에 있는 것을 먹기에 안성맞춤이다. 게다가 따끈따끈하고 부드러운 배설물만 먹었다면 이빨은 빈약해도 상관없다.

스테고사우루스의 화석은 용각류의 뼈 사이에서 마치 사은품처럼 발견되는 일이 종종 있다. 무리 속에 섞여 있으면 식량이 되는 배설물을 얼마든지 얻을 수 있고, 육식 공룡에게 공격받을 위험도 줄어든다. 몸 크기와 비교했을 때, 스테고사우루스나 안킬로사우루스의 뇌는 매실 열매 정도 크기밖에 되지 않아 공룡 중에서도 가장 작다.

일반적으로 활동량이 적은 동물에게는 큰 뇌가 필요하지 않다. 그리고 뇌가 작으면 당연히 학습능력도 떨어진다. 즉 학습능력이 낮아도 상관없는 생활을 했다는 결론이 나온다. 매일 똑같은 것만 먹는 단조로운 식생활을 한 데다가 그 음식은 주변에 널려 있었다. 이렇게 먹이를 찾아다닐 필요가 없는 생활을 하는데 굳이 큰 뇌가 필요했을까?

인간은 영양가 높은 음식을 먹기 때문에 뇌가 크다. 게다가 조리해서 먹으므로 위에 들어가는 순간 소화가 잘되어 소화기관도 작다. 소화에 쓰이는 에너지가 뇌에도 영향을 미치면서 인간의 뇌는 점점 크게 진화했다. 이와 달리 스테고사우루스 등은 영양가가 낮은 음식을 대량 먹었으므로 소화하는 데 에너지를 다 빼앗겨 뇌가 크게 진화할 수 없었던 것으로 추측된다. 그러나 그것으로도 충분했다.

이렇게 쥐라기에는 스테고사우루스가, 백악기에는 안킬로사우루스나 파키케팔로사우루스가 공룡들의 '배설물'을 청소하는 역할을 했다고 본다. 여기서 한 가지, 쥐라기나 백악기에 남반구에서는 스테고사우루스나 안킬로사우루스 종류가 거의 서식하지 않았다는 점이 마음에 걸린다. 남반구에 사는 대형 공룡(용각류)의 배설물은 대체 누가 처리했을까? 그것이 수수께끼다. 중생대에는 남반구에 공룡과 더불어 악어 종류도 번성했으므로 그들 중 일부가 그 역할을 했을지도 모른다.

가장 큰 공룡과 가장 빠른 공룡

공룡은 얼마나 커질 수 있었을까

많은 공룡은 몸의 성장이 멈추지 않고 죽을 때까지 점점 커졌다. 그렇다면 가장 큰 공룡은 무엇이고 얼마나 컸을까? 가장 큰 공룡은 용각류라고 자신 있게 대답할 수 있다. 그중에서도 가장 크다고 알려진 공룡이 아르젠티노사우루스나 파타고티탄이다. 그러나 둘 다 완전한 골격이 발견되지 않아서 정확한 크기는 알 수 없다. 뼈 일부만 발견된 공룡의 크기나 체중을 예측하기는 어려워서 어떤 데이터를 쓰고 어떻게 계산하느냐에 따라 추정값이 들쭉날쭉하다. 그러나 발견된 다리의 일부 등을 보면 약 25미터인 브라키오사우루스보다 상당히 컸다는 것만큼은 확실하다.

공룡이 거대해지는 이유는 관성항온성이나 이성에 대한 어필 때문이라고 추측할 수 있다. 그래도 거대해지는 데는 한계가 있다. 50톤 이상으로 무게가 무거워지는 것은 불가능하다고 한다. 무게가 50톤을 넘으면 무게를 지탱하기 위한 다리의 근육량이 점점 더 많이 필요해서 두 다리 사이에 틈이 없어질 정도가 되는데, 그러면 걸을 수 없다. 편하게 걸을 수 있는 체중은 잘해봐야 30톤까지라고 한다.

공룡은 얼마나 작아질 수 있었을까

새와 비슷한 공룡 중에는 아주 작은 것들이 있다. 예를 들어 안키오르니스는 꼬리를 제외하면 제비보다 조금 더 크다. 몸집이 작으면 그만큼 체온이 잘 변하는 등 단점도 많아지므로 크기가 적당한 것이 좋다. 그래도 동물들이 작게 진화하는 이유는 하늘을 나는 등 특별한 의미가 있기 때문이다. 하늘을 날 때는 당연히 몸이 가벼울수록 좋다. 그래서 하늘을 날 수 있도록 진화한 동물들은 대부분 몸집이 작다.

소형 공룡은 대부분 육식을 하는 수각류에 속한다. 초식 공룡은 식물에서 영양을 얻기 위해 일정량 이상 식물을 먹을 필요가 있고, 그에 걸맞게 긴 소화기관이 필요하므로 몸집이 작아지는

● 오르니토미무스 ●

데는 한계가 있다. 식물이 주식인 이상 어느 정도 이하로 작아지
는 것은 무리이다.

가장 빠른 공룡은 무엇일까

공룡을 속도로 비교한다면, 수각류 중에서도 일명 '타
조형 공룡'이라 불리는 오르니토미무스나 갈리미무스 등의 발이
빠르다. 이름처럼 뒷다리가 긴 타조와 체형이 닮았으며 몸길이는
오르니토미무스가 3~5미터, 갈리미무스가 4~6미터다. 이들은

타조와 비슷하게 시속 70킬로미터 정도 속도로 달릴 수 있었던 초식 수각류로 추측된다.

타조는 시속 70킬로미터로 한 시간을 달린다고 하니, 타조형 공룡도 그 정도는 달릴 수 있었을지 모른다. 그러나 과연 그럴 필요가 있었을지는 궁금증이 남는다. 도망칠 때 달리겠지 싶다가도, 일반적으로 육식 동물이 그렇게 오랫동안 끈질기게 쫓길 일은 없기 때문이다.

에뮤는 비구름만 보면 그 방향으로 달린다고 한다. 비구름이 있는 곳에는 비가 내리고 물웅덩이가 생긴다. 그 물을 마시려면 물웅덩이가 마르기 전에 도착해야 한다. 타조형 공룡에게도 그러한 습성이 있었다면 빨리 오래 달리는 일이 있었을지도 모른다.

'날쌘 약탈자'라는 뜻의 이름이 붙은 소형 수각류 벨로키랍토르도 발이 빠른 이미지가 있다. 그들은 도망친다기보다는 먹잇감을 쫓기 위해 달리기 때문에 역시 긴 거리를 달리는 일은 없었을 것이다. 그들이 주식으로 삼았을 쥐 같은 포유류를 잡으려면 단 한 번 공격으로 끝장내야 한다. 그런 상황에서 순간적 민첩함은 있었을 것이다.

북반구와 남반구에 분포했던 공룡은 다르다

판게아대륙의 분열

공룡이 나타난 트라이아스기 후반에 지구상 육지는 모두 하나의 초거대 대륙인 판게아대륙으로 이어져 있었다. 쥐라기에는 판게아대륙이 대륙 이동을 하면서 북반구와 남반구로 나뉘었고, 백악기에는 다시 그 대륙이 분열했다.

공룡의 가장 가까운 조상이 어떻게 생겼으며 어디에 있었는지는 밝혀지지 않았지만, 공룡이라는 동물 자체는 트라이아스기 후기에 이미 전 세계에 존재했다. 그리고 대륙이 분열하면서 공룡은 각 대륙에서 독특한 진화를 이루었다. 예를 들어 마멘키사우

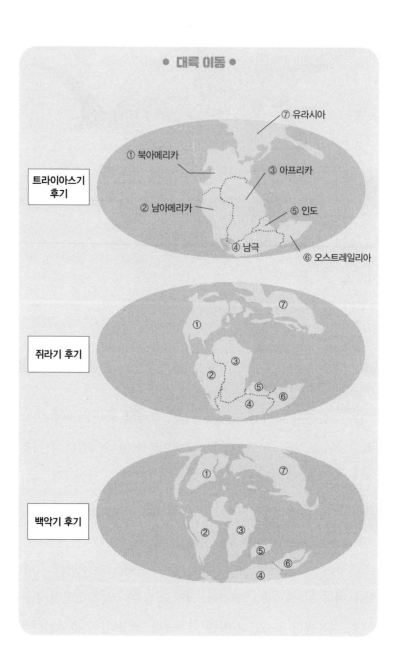

● 대륙 이동 ●

트라이아스기 후기

⑦ 유라시아
① 북아메리카
③ 아프리카
② 남아메리카
⑤ 인도
④ 남극
⑥ 오스트레일리아

쥐라기 후기

백악기 후기

루스라는 목이 아주 긴 용각류는 중국 등 아시아에서만 발견되었다. 각 대륙에 존재했던 공룡의 종류나 비율에는 차이가 있었던 것이다.

쥐라기와 백악기에 크게 변화한 북반구

뭉뚱그려 말하면 북반구도 남반구도 쥐라기 시대에 용각류는 많았지만 그 이외 공룡은 별로 존재하지 않았다. 북반구에서는 시대가 지나면서 공룡이 점점 다양해진 것으로 보인다. 백악기에 접어들면서 각룡류나 오리주둥이 공룡을 필두로 곡룡류나 후두류 등 각양각색의 조반류가 나타나 번성했지만 이후 점점 다양성이 줄어들었다.

백악기 후기에는 각룡류나 오리주둥이 공룡 종류가 눈에 띄게 줄어들었다. 각룡류는 트리케라톱스 한 종류만 남았을 정도다. 이러한 다양성의 감소는 이 시기에 포유류가 세력을 넓혔다는 사실과도 관계있을 것으로 추측된다.

쥐라기와 백악기에 변화가 없는 남반구

그와 반대로 남반구에서는 그러한 변화가 보이지 않았

다. 공룡이 백악기 후기에 멸종할 때까지 쥐라기와 마찬가지로 용각류가 계속 세력을 장악했고, 그 밖에는 수각류 정도만 있었다. 이유는 알 수 없지만 북반구와 남반구에서는 공룡과 그 외 동물 비율에 차이가 있었다는 사실만은 말할 수 있다.

남반구에는 악어나 투아타라 계열 등 공룡 말고도 다른 파충류가 아주 많았다. 특히 악어 종류가 많았는데, 육상에서 육식 생활을 했던 것으로 보이는 개처럼 생긴 악어나 식물을 먹었던 것으로 보이는 악어 등 우리가 익히 아는 악어와는 완전히 다른 것도 많았다. 그중에는 공룡 배설물을 먹어치우는 악어가 있었을지도 모른다.

북반구에서는 공룡이 맡았던 역할을 남반구에서는 악어가 맡았을 가능성이 있다. 남반구에서는 공룡 말고도 다른 동물의 비율이 비교적 높았으므로 공룡이 다양화하지 않았다는 추측도 있다.

백악기에 접어들면서 오리주둥이 공룡 일부가 남반구로 넘어가 남극까지 갔다는 사실이 남극 화석에서 밝혀졌다. 그 시대에는 남아메리카, 남극, 오스트레일리아 대륙이 이어져 있었으니 오스트레일리아까지 왔을 것으로 추측되는데, 오스트레일리아에서 그 시대의 지층이 발견되지 않은 탓에 정확히는 알 수 없다.

공룡과 포유류는 서로 진화에 영향을 주었다

공룡을 피해 야행성이 된 포유류

공룡이 나타나기 전에는 우리 조상에 해당하는 생물이 번성했다. 그중 아주 일부가 포유류로 진화했다. 포유류로 진화하기 직전 이들 생물을 부르는 이름에는 여러 가지 의견이 있지만, 여기서는 '포유류형 파충류'라고 하겠다.

포유류형 파충류는 몸길이가 긴 것은 5미터 정도 된다. 뇌는 아주 작았으므로 아마 똑똑하지는 않았을 것이다. 복원한 그림을 보면 털이 그려져 있을 때가 있는데, 이들 피부가 어땠는지는 알려지지 않아서 털이 있었다는 확실한 증거도 없다. 이들이 현재 살고 있는 포유류와 결정적으로 다른 점은 귀가 없다는 것이다. 그래서 소리를 듣지 못해 울음소리를 내서 소통하지도 못했다. 한마디로 매우 얼빠진 동물이었던 것이다.

포유류로 진화할 때 턱관절 일부가 작아져 머릿속으로 들어가 중이를 형성하면서 귀가 생겼다. 동시에 몸집이 점점 작아져 포유류가 됐을 때는 크기가 쥐 정도였다. 몸에 털이 나기 시작했고, 어미가 새끼에게 모유를 먹여 기르는 시스템이 완성되면서 포유류로 진화한 듯하다.

포유류형 파충류가 포유류로 진화한 것은 마침 공룡이 맹렬한 기세로 진화하던 시기였다. 공룡은 이미 소리를 들을 수 있는 귀를 가졌고, 새처럼 소리를 내어 소통할 수도 있었다고 추측되므로 포유류형 파충류도 그 수준까지 큰 변화를 일으키지 않으면 살아남을 수 없었을 것이다.

포유류는 공룡에게 잡아먹힐 위험을 줄이기 위해 밤에만 활동하게 되었고, 기온이 떨어지는 새벽에도 체온이 내려가지 않도록 몸에 털이 나기 시작했다. 어둠 속에서도 동료들과 소통하기 위해 또는 적이 가까이 다가오면 바로 알아차리기 위해 귀가 발달했고 후각도 발달했을 것으로 추측된다. 공룡의 존재가 포유류 진화를 재촉했다고 볼 수 있다.

우리 조상은 포유류가 된 뒤 약 1억 년 이상 거대한 공룡의 발밑에서 숨을 죽이고 살았다. 공룡과 포유류의 관계는 백악기가 끝날 무렵에야 바뀌기 시작했다. 이 시기에 포유류가 비로소 세력을 넓힌 것이다. 그것이 어떤 결과를 가져왔는지는 다음에서 설명하겠다.

공룡은 야행성 포유류를 먹기 위해 항온성이 되었다

포유류를 주식으로 삼았을 것으로 추측되는 공룡은 일반적으로 랍토르라 불리는 소형 수각류다. 앞서 설명했듯이 랍토르류 공룡은 날카로운 발톱으로 작은 도마뱀이나 포유류를 잡아먹은 야행성 공룡으로 보인다. 야행성인 포유류를 잡아먹기 위해 랍토르류 공룡은 항온성 구조를 높여 스스로 야행성으로 진화했을지도 모른다.

포유류가 공룡을 피해 야행성이 되자 일부 공룡이 그 포유류를 잡아먹기 위해 야행성이 되었다. 공룡 전성기에 공룡과 포유류는 포식자와 피식자 관계이자 서로 진화에 영향을 주는 관계이기도 했다.

공룡이 멸종한 원인은 정말 거대 운석 때문일까

거대 운석설이 결론은 아니다

공룡은 왜 멸종했을까? 전 세계 사람들의 관심을 모은 이 세기의 수수께끼에 대한 답으로 지금까지 다양한 설이 나왔다. 그중 가장 잘 알려진 설이 '운석충돌설'일 것이다. 거대한 운석이 충돌하여 갑작스러운 환경 변화가 일어났고, 그것이 원인이 되어 공룡이 멸종했다는 설이다. 멕시코의 유카탄반도에서 거대한 운석 충돌 흔적이 발견된 것으로 보아 백악기가 끝날 무렵 거대한 운석이 충돌했다는 것은 사실이다.

그러나 운석이 공룡 멸종의 큰 이유는 아닐 수도 있다. 애초에

이 세상에서 공룡이 멸종한 시기가 언제인지부터 확실하지 않다. 전 세계에서 한꺼번에 멸종했는지도 알 수 없다. 북아메리카 일부 지역에서만 멸종 시기를 확실히 알 수 있을 뿐이다. 이 지역에서는 공룡이 6,600만 년 전까지 살았다는 사실이 밝혀져 있다.

그러나 오스트레일리아에서는 1억 년 전에 살았던 공룡을 마지막으로 그 이후 공룡은 발견되지 않았다. 그다음 오스트레일리아에서 발견된 육생 동물이 5,500만 년 전에 살았던 것으로 추정되는데, 물론 그중 공룡은 없었다. 다시 말해 1억 년 전부터 5,500만 년 전 사이 어딘가에서 오스트레일리아의 공룡이 사라진 것으로 보이는데, 그것이 언제였는지는 아무도 모른다. 공룡이 멸종했다고 하는 6,600만 년 전보다 더 이전에 멸종되었을지도 모르고, 그 후까지 살았을지도 모른다. 따라서 오스트레일리아의 공룡도 운석 때문에 멸종했다고는 할 수 없으며, 운석 때문에 전 세계 공룡이 한꺼번에 멸종했다고 보지도 않는다.

북아메리카에서만큼은 운석의 영향으로 공룡이 멸종했다고 추측할 수 있지만, 그럴 가능성도 낮다고 생각한다. 왜냐하면 북아메리카에서 살았던 다른 동물들, 이를테면 거북이나 악어나 도마뱀은 대부분 멸종하지 않았기 때문이다. 변온성인 그 동물들이 멸종하지 않았다는 사실로 미루어보면 운석 때문에 기후가 몹시 추워졌다고 생각하기도 어렵다.

포유류가 공룡을 멸종으로 몰아넣었다

공룡이 멸종한 이유에는 포유류가 늘어났다는 점이 크게 관여하지 않았을까 생각한다. 공룡 시대 막바지에는 태반을 가진 진수류(유태반류)라 불리는 포유류가 나타났다. 태반이 생겨 번식력이 강해진 포유류가 급격히 수를 늘려가면서 생태계 균형이 무너졌을 가능성이 있다.

포유류가 식물을 다 먹어치우는 바람에 대형 공룡이 먹잇감을 잃었을 수도 있다. 또는 육식을 하는 포유류가 알에서 막 부화한 공룡의 새끼들을 잡아먹었을지도 모른다.

포유류는 몸집이 작아 새끼를 한 번에 그렇게 많이 낳지 못하지만 수명이 짧은 만큼 세대 교대가 빠르고 번식 속도도 빠르다. 예컨대 쥐는 태어나 불과 몇 개월 만에 다 성장해서 새끼를 낳기 때문에 눈 깜짝할 새에 수가 불어난다. 그와 달리 거대한 공룡은 알은 많이 낳지만 개체가 성숙할 때까지 10~12년 걸린다.

작은 포유류가 늘어나는 것이 거대한 공룡의 생존을 위협했다는 사실에 고개가 갸우뚱할지도 모르겠지만, 메뚜기떼를 상상해 보면 이해가 갈 것이다. 메뚜기 자체는 작지만 수가 폭발적으로 늘어나면 작물을 모조리 먹어치우는 등 환경에 큰 영향을 준다.

생물과 생물이 생존 경쟁을 할 때 몸집 크기는 그렇게 중요하지 않다. 요컨대 식량을 둘러싼 싸움이므로 어떤 특정 그룹이 갑자기 수나 종류를 늘리면 반드시 다른 존재에게 영향을 미친다.

그 대표적 예가 바로 인간이다. 인간이 갑자기 늘어나면서 야생 동물은 점점 줄어들었다. 인간은 코끼리나 기린보다 몸집이 훨씬 작지만 수가 많이 늘어나니 영향을 주게 된 것이다.

공룡 시대가 끝날 무렵에는 아직 육지가 이어져 있었으므로 어떤 장소에서 진화한 포유류가 전 세계로 뻗어나갈 수 있었다. 공룡 시대 막바지에는 아마 꼭 같은 타이밍이 아니더라도 이 세상 곳곳에서 포유류가 널리 퍼지는 상황이 생기지 않았을까 생각한다. 그렇게 공룡은 멸종의 길을 걷게 되지 않았을까?

멸종은 그 종에는 비극이지만 멸종이 일어나야 새로운 종도 생긴다. 대형 포유류도 공룡이 멸종한 후에야 생겼다.

바이러스 감염이 폭발적으로 늘어났을 가능성

2020년에 코로나바이러스가 일으킨 감염병이 전 세계에서 크게 유행하여 이 책을 집필하는 5월 말까지도 힘든 나날이 이어지고 있다. '오버 슈트(감염이 단기간에 대규모로 확산되는 것)'나 '삼밀(밀폐, 밀집, 밀접)' 등 지금까지 들어본 적도 없는 말들이 튀어나오고 있다.

코로나바이러스로 생긴 폐렴이나 인플루엔자는 인간이나 새처럼 모여서 생활하는 동물들 사이에서는 흔히 발생할 수 있는 감염증이다. 한곳에 모여 있는 발자국을 보고 많은 공룡도 모여서 생활했다고 판단하므로 그들도 이런 감염증에 걸렸을 가능성을 생각할 수 있다.

또한 새의 세계에서 인플루엔자가 끊임없이 유행하는 것은 새의 폐가 대기 중 산소를 효율적으로 받아들이는 특수한 구조를 갖추고 있다는 사실과 관련이 있다. 다시 말해 새의 폐가 공기를 대량 빨아들일 때 바이러스도 간단히 흘러들어오므로 감염증을 일으키기 쉬운 것이다. 게다가 새는 대륙과 대륙 사이를 자유롭게 이동하므로 바이러스는 눈 깜짝할 새에 널리 퍼지고 만다.

공룡은 원래 새와 가까운 동물이었다. 그들도 새와 닮아 폐 구조가 바이러스를 받아들이기 쉬웠을 가능성을 충분히 생각할 수 있다. 백악기로 접어들면서 하늘을 자유롭게 날아다니는 새가 전 세계에 퍼져 있었으므로 위험한 바이러스가 새에서 공룡으로 전염될 위험은 아주 컸을 것이다. 그렇게 무리 지어 다니던 공룡들 사이에서 감염이 확대되었을지도 모른다. 아직 확실한 증거는 없지만 공룡 멸종에 바이러스가 관여했을 가능성도 생각은 할 수 있다.

공룡의 멸종을 둘러싼 열띤 토론은 결론이 나지 않았다. 그 수수께끼를 풀기 위해 우리는 조금 더 지혜를 짜내야 할 것 같다.

3장

진화를 거듭하는
공룡 연구의 역사

맨 처음 공룡 화석을 발견했을 때

수수께끼의 화석을 발견하다

우리가 공룡이라는 동물의 존재를 인식해 '공룡'이라고
부르게 된 때는 19세기다. 18세기 말 영국 옥스퍼드대학과 가까
운 채석장 지하 깊은 곳에서 수수께끼의 화석이 발견되었는데,
이 화석은 같은 대학 박물관에 보관되었다. 19세기 초반 그 화석
을 조사한 옥스퍼드대학 교수이자 지질학자 윌리엄 버클랜드는
머리를 쥐어뜯었다. 화석으로 추측할 만한 거대한 육식 동물의
존재는 눈을 씻고 찾아봐도 성서에 나오지 않았기 때문이다. 그
당시 대부분 영국인과 마찬가지로 독실한 기독교 신자였던 버클

랜드는 섣불리 그 동물에 대한 보고를 할 수 없었다.

비슷한 시기에 이번에도 영국에서 의사 기드온 멘텔이 국내에서 발견된 기묘한 이빨 화석 하나를 손에 넣었다. 거대한 초식 동물의 이빨로 보였는데, 사람들에게 보여주며 물었지만 아무도 알지 못했다. 그러다가 프랑스의 동물학자 조지 퀴비에에게 보여줬더니, 크기나 닳은 이빨 등을 보고 코뿔소 이빨로 감정했다. 퀴비에는 버클랜드 조사에도 관여해 화석 일부를 보고 동물의 종류를 짚어낼 수 있다는 '비교해부학'을 제창한 인물이다.

그러나 멘텔은 거기서 그치지 않고 독자적으로 연구를 이어나갔는데, 이 이빨이 도마뱀의 일종인 이구아나 이빨과 똑같다는 사실을 알아냈다. 이빨 크기를 비교했을 때, 이 초식 동물은 이구아나보다 훨씬 더 거대하다는 뜻이 된다.

이윽고 버클랜드와 멘텔은 친분을 맺고 서로 갖고 있던 화석을 연구하던 중 머나먼 옛날에 거대한 파충류가 존재했다고 확신하게 되었다. 퀴비에에게 빨리 보고하라는 재촉을 받기도 한 버클랜드는 1824년 드디어 수수께끼의 육식 동물에게 '거대한 도마뱀'을 뜻하는 '메갈로사우루스'라는 이름을 붙여 보고했다. 이것이 처음으로 이름을 갖게 된 공룡이다. 한편, 멘텔도 이듬해인 1825년 수수께끼의 초식 공룡에게 '이구아나의 이빨'을 뜻하는 '이구아노돈'이라는 이름을 붙여 보고했다.

메갈로사우루스의 화석도 이구아노돈의 화석도 이빨 아래에 새 이빨이 자라났는데, 이것이 유치와 영구치 관계로는 보이지 않았다. 그것은 이가 몇 번이고 다시 자라나는 파충류에게서 보이는 특징이었다. 그래서 거대한 파충류라고 판단한 것이다.

그 후에도 거대한 파충류로 보이는 화석이 잇따라 발견되었고, 다섯 종류 정도 보고되었을 즈음 그들이 모두 같은 그룹의 동물이 아닐까 추측하는 인물이 나타났다. 19세기를 대표하는 영국인 고생물학자 리처드 오언이다.

이빨을 잘 살펴보면 거대한 파충류이기는 하지만 손과 발은 포유류처럼 곧게 서 있었다. 파충류와 포유류의 특징이 섞여 있었으며, 손발이 몸 옆으로 뻗어 있다는 점이 현재 파충류와 달랐다. 먼 옛날에 살다가 멸종되어 지금은 사라진 그룹이라고 생각한 오언은 1842년 그 그룹에 새로운 이름을 붙였다. 그 이름이 바로 '무서운 도마뱀'을 뜻하는 '디노사우리아', 즉 '공룡'이다.

고질라의 기원을 따라가면 캥거루가 있다?

사실 메갈로사우루스보다 먼저 이름 붙여진 공룡 화석이 있었다. 공룡이라는 동물의 존재를 상상도 하지 못했던 17세기 사람들은 어떤 신기한 화석을 인간의 고환이라고 생각해 그

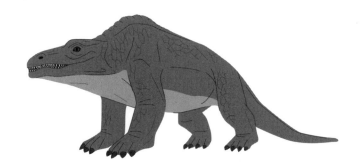

것을 뜻하는 이름을 붙였다. 나중에야 그 화석이 공룡 무릎뼈였다는 사실이 밝혀졌지만 '처음으로 이름이 붙은 공룡'으로 인정하기에는 이미 늦었는지 지금은 없었던 일로 본다. 화석 자체도 소홀히 다뤘던 모양이라 어디 있는지 모른다.

멘텔이 입수한 이구아노돈 화석이 불완전했으므로 이구아노돈이 어떻게 생겼는지는 알 수 없었다. 이빨 크기로 봤을 때 처음에는 몸 길이가 20~30미터나 된다고 추정해 거대한 이구아나 모습을 상상해서 다리가 네 개 달린 살찐 외모에 피부는 비늘로 덮인 이미지로 그렸다. 또 멘텔은 홀로 발견된 작은 뼈를 코 위 뼈라고 생각했다. 우리가 아는 이구아나에 그런 종류가 있기 때문이다.

멘텔은 자신이 상상한 이구아노돈의 스케치를 남겼다. 1854년 런던 교외의 한 공원 안에 있는 크리스털 팰리스에 공룡 복원 동상이 세워졌는데, 이 동상에는 멘텔의 생각이 반영되었다. 이 복원 동상에서도 알 수 있듯이, 그 당시 공룡은 거대한 도마뱀처럼 네 발이 달렸으며 둔하고 묵직한 동물로 여겨졌다.

이구아노돈의 전체 모습은 멘텔이 처음 보고한 지 50년쯤 지난 19세기 말에 알게 되었다. 벨기에의 탄광에서 이구아노돈의 전신 골격이 20마리 정도 발견된 것이다. 그렇게 해서 이구아노돈의 크기가 20미터 정도였다는 사실과 두 발로 걸어 다녔다는 사실, 코 위에 뿔로 보이는 것은 엄지발가락 뼈라는 사실이 밝혀졌다.

전신 골격에서 뒷다리의 발달 정도를 봤을 때 이구아노돈은 두 발로 걸었다는 사실을 알 수 있었다. 현존하는 동물 가운데 가장 가까운 동물을 찾아보면 긴 꼬리에 두 발로 걷는 캥거루가 떠오를 것이다. 캥거루가 꼬리를 땅에 대고 있으므로 공룡도 똑같은 자세를 취했으리라고 상상했다. 점프는 하지 않더라도 두 발로 서려면 불안정하니까 꼬리를 땅에 대서 균형을 잡았을 거라고 생각한 것이다.

그 이후로는 이구아노돈 말고 다른 공룡들도 상체를 일으켜 두 발로 서고 꼬리를 땅에 댄 '캥거루형' 자세로 복원하게 되었다. 공룡 모습을 캥거루형으로 복원하는 흐름은 완전히 정착되었고, 나중에 설명할 1970년대 공룡 르네상스까지 이어졌다. 고질라는 1954년 특수 촬영 영화에서 처음으로 등장했는데, 그 고질라 모습은 캥거루형 공룡을 복원한 이미지를 참고로 만들어졌다.

공룡 화석 발굴을 둘러싼 치열한 경쟁

두 라이벌의 치열한 발굴 경쟁

공룡 연구의 역사를 이야기할 때는 19세기 말 미국을 무대로 펼쳐진 두 연구자의 치열한 싸움을 빼놓을 수 없다. 오스니엘 마시와 에드워드 코프는 모두 경제적으로 복을 받았다. 특히 마시는 미국에서 손꼽히는 자산가 조지 피바디의 조카로 얼마든지 화석 연구에 몰두할 자금이 있었다. 원래 두 사람은 같이 화석 발굴을 하러 나갈 정도로 친한 사이였는데, 어느 사건을 계기로 분위기가 험악해졌다고 한다.

어느 날 코프는 자신이 조립한 수장룡류 엘라스모사우루스의 골격을 마시에게 자랑했다. 그러나 코프가 보여준 골격은 목과 꼬리뼈를 잘못 끼우는 바람에 꼬리 위에 머리가 올라간 상태였다. 마시가 그 부분을 지적하자 15세 정도부터 논문을 읽을 정도로 조숙했고 천재라고 불려 자만하던 코프의 자존심에 금이 갔고, 그 후 마시를 원망하게 되었다고 한다.

이렇게 두 사람은 서로 코를 납작하게 만들기 위해 누가 더 많은 공룡을 보고하는가 하는 어떻게 보면 유치한 싸움을 시작했다. 라이벌보다 하루라도 빨리 새로운 공룡을 발표하기 위해 자기 논문을 게재할 용도로 사비까지 들여서 과학 잡지를 창간했다. 마침 전보가 발명되었을 시절이었는데, 그들은 새로운 공룡 화석으로 보이는 것을 발견하는 즉시 발굴 현장에서 잡지 편집부로 전보를 쳐서 논문을 발표했다.

그러다 결국 총격전까지 벌어졌다. 서로 총을 겨눈 것은 아니지만 가까운 거리에서 작업하던 두 발굴대 사이에서 실랑이가 일어났고, 그 과정에서 호신용으로 들고 다니던 총을 쏘기까지 했다. 다행히 사망자는 나오지 않았다.

두 라이벌의 싸움은 평생 이어졌다. 코프의 제자로 티라노사우루스라는 이름을 지은 헨리 오스본은 당연하게도 마시를 싫어했다. 오스본은 학생 시절 예일대학 교수였던 마시를 찾아가 그가 발굴한 공룡 표본을 보고 싶다고 요청했다.

마시는 흔쾌히 승낙했지만 오스본은 훗날 자신이 표본을 보는 동안 마시가 발소리를 내지 않으려 털 슬리퍼로 바꿔 신고 살금살금 따라와 자기를 감시했다고 폭로했다. 그때는 코프가 이미 세상을 떠난 뒤였는데, 둘의 싸움은 그때까지도 이어졌던 모양이다.

사라질 뻔한 브론토사우루스

1870년대부터 20년 정도 이어진 마시와 코프의 발굴 경쟁은 한편으로 트리케라톱스나 스테고사우루스, 알로사우루스 등 유명한 공룡을 비롯해 수많은 공룡을 발견하는 눈부신 성과를 남겼다. 그래서 이 시대를 공룡 연구의 황금기라고도 한다.

두 사람이 보고한 신종 공룡은 마시가 약 80종, 코프가 약 50종에 이르렀다. 그러나 서로 앞을 다투어 보고한 탓에 꼼꼼하게 검증하지 않았고, 결과적으로 틀린 부분이 많은 것도 사실이다. 그것이 지금까지도 이어지는 혼란의 원인인데, 가장 유명한 예가 브론토사우루스를 둘러싼 문제이다.

'뇌룡'이라고도 하는 브론토사우루스는 예전에는 용각류 중에서도 가장 잘 알려져 용각류의 대명사 같은 존재였는데, 지금은 공룡 도감에서도 그 이름을 찾아볼 수 없다. 브론토사우루스는 발굴 경쟁 당시 마시의 실수로 사라지게 되었다. 마시는 1877년 아파토사우루스라는 용각류를 보고하고 1879년에는 브론토사우루스를 보고했다. 그러나 1903년 이 둘이 같은 공룡이라는 사실이 밝혀졌다. 공룡 몸의 일부분이라도 발견하면 즉시 이름을 붙여 바로 보고했으므로 같은 공룡에 이름을 두 번 붙이고 만 것이다.

이름을 붙일 때는 하루라도 빨리 만들어진 이름이 인정된다는 규약이 있다. 이 문제가 알려진 시점에서 브론토사우루스는 이미 유명한 공룡이 되었는데, 이 규약에 따르면 먼저 이름 지은 아파토사우루스라는 이름을 써야만 했다. 그러나 이미 널리 알려져 쓰이는 이름을 없애기는 상당히 힘들었다. 실제로 1970년대까지 대부분 박물관이나 공룡 도감에도 브론토사우루스라는 명칭이 사용되었다.

화석의 일부분만 보고 새로운 종으로 이름을 붙이면 후폭풍이 따라올 수도 있다. 마시와 코프가 살던 시대에는 그렇게 엄밀하지 않은 짧은 문장으로 새로운 종을 보고할 수 있었다는 것도 혼란을 일으킨 원인이 되었다. 현재는 신종을 보고할 때 사진이나 그림을 붙여서 기존에 있던 종과 어떤 부분이 어떻게 다른지 상세히 적어야 한다.

공룡의 종류를 많이 만들고 싶은 사람들은 두 공룡을 따로 구분해야 한다고 주장하고, 그렇지 않은 사람들은 하나로 통합하자는 의견을 내지만 나는 공룡 이름(특히 티라노사우루스 같은 속의 이름)이 너무 많아서 둘을 통합해도 된다고 본다.

그러한 사정으로 브론토사우루스라는 이름을 쓰지 않는 곳이 있지만 2015년 이후 브론토사우루스는 다시 사용하는 것으로 학계에서 공식 인정했다. 이렇듯 두 연구자가 벌인 싸움은 생각지 못한 형태로 논란을 일으켰다.

1970년대 공룡 연구의 르네상스

 공룡의 이미지가 완전히 바뀌다

공룡이라는 이름이 생긴 이후 공룡은 오랫동안 거대하고 둔한 동물로 여겨졌다. 기본적으로 네 발이 아니라 두 발로 걷는다는 사실이 밝혀졌는데도 고질라처럼 상체를 들어 올리고 꼬리를 질질 끌며 느릿느릿 걷는다고 믿었다.

그러나 1970년대 이후 이 이미지는 완전히 뒤집혔다. 그 기점이 된 것이 1969년 공룡 연구자 존 오스트롬이 발표한 데이노니쿠스에 관한 논문이다. 오스트롬이 발견한 데이노니쿠스는 뒷발에 커다란 발톱이 달린 소형 수각류인데, 온몸 골격이 시조새와 구별되지 않을 정도로 닮았다. 오스트롬은 골격이 비슷하다는 이유로 데이노니쿠스도 시조새처럼 활발했을 것으로 생각했다.

데이노니쿠스의 골격을 보면 한쪽 발로 서서 뒷발에 달린 큰 발톱을 휘두를 수 있을 정도로 평형감각이 뛰어났다는 사실을 알 수 있었다. 그것은 파충류처럼 변온성이라고는 생각할 수 없는 운동 능력이었으므로 오스트롬은 데이노니쿠스가 활발하고 대사가 높은 항온성이었을 거라고 주장했다.

거기에 오스트롬의 제자 로버트 바커가 오스트롬의 설에 힘을 싣는 모양새로 공룡이 얼마나 활발한 동물이었는지 주장하는 설을 연달아 내놓으면서 흐름을 이끌었다. 오스트롬과 바커는 공룡의 자세에 대해서도 기존 해석과 다른 의견을 제시했다.

그들은 공룡이 활발하게 움직였다면 꼬리를 바닥에 끌지 않고 곧게 위로 뻗은 채 상체는 숙였을 거라고 주장했다. 공룡 발자국은 남아 있었지만 거기에서 꼬리를 끈 자국이 전혀 발견되지 않았다는 점에서도 공룡이 꼬리를 들어 올렸다는 것은 확실해 보였다. 이렇게 해서 꼬리를 땅에 대는 캥거루형은 힘을 잃게 되었다. 꼬리를 끌며 느릿느릿 걷는 기존 이미지에서 꼬리를 들고 날쌔게 움직이는 이미지로 완전히 바뀐 것이다.

1970년대에 있었던 이러한 변화는 '공룡 르네상스'라고 불린다. 그 영향을 받아 영상작품 등에 등장하는 공룡 모습도 점점 변화되었다. 영화 〈쥬라기 공원〉 시리즈에서도 민첩하게 움직이는 공룡들이 그려졌다. 영화에 나오는 벨로키랍토르는 데이노니쿠스와 가까운 소형 수각류다. 이 이미지가 정착되어 지금까지 이어지고 있다.

사실은 얼마나 활발했을까

'공룡은 우둔하다'는 이미지를 씻어내고 싶은 마음이 굴뚝같았을까? 바커는 소형 수각류에 그치지 않고 용각류를 포함한 '모든 공룡이 활발했다'는 주장을 펼치기 시작했다. 그러나 몸집이 그렇게 거대한 용각류는 아무리 봐도 빨리 움직일 수 있는 동물이 아니다. 몸에 비해 극단적으로 작은 뇌를 보더라도 활발한 움직임이 가능했을지 의문이 든다. 바커는 스테고사우루스가 두 다리로 서서 격투를 벌였다며 그림을 직접 그려 보여주기도 했지만 역시 지나치다는 생각이 든다.

무척 유쾌한 성격인 바커는 카우보이같이 큰 텐가론 모자를 트레이드마크로 쓰고 다니는데, 키가 190센티미터나 될 정도로 체격이 좋아서 마치 공룡이 느릿느릿 걸어 다니는 듯한 느낌이 든다. 그의 책에 나오는 공룡 그림도 모두 직접 그렸다니 정말 다재다능한 사람이다.

바커는 공룡이 항온성이라는 증거를 여러 가지 들어 주장했는데, 화석이 어떤 식으로 나왔는지부터 육식 공룡의 수가 초식 공룡보다 상당히 적어 보이는 것도 그중 하나라고 했다. 항온성 동물은 많이 먹어야 하는데, 그러기 위해서는 먹잇감이 많은 환경이 아니면 살지 못한다는 조건과 정확히 일치한다는 것이다.

물론 북아메리카라는 환경에서는 그 주장이 맞지만 2장에서 설명한 것처럼, 몽골에서는 육식 공룡인 타르보사우루스가 많이 발견되었다. 이 육식 공룡과 초식 공룡의 화석수 비율을 보면 공룡이 항온성이라는 사실은 근거가 명확하지 않다. 이처럼 바커가 주장한 공룡 활발설에는 의문점이 많았다.

오스트롬이 생각한 것처럼 소형 수각류가 새와 비슷하게 활발했다는 것은 일리가 있다. 대형 공룡은 몸집이 작았던 새끼 시절에는 몸에 비해 뇌가 크므로 어느 정도 활발했다고 보이지만, 성장하면서 활발함을 잃었다고 보는 것이 맞지 않을까?

과학기술의 발달로 밝혀진 공룡의 새로운 모습

깃털공룡, 설마 했던 발견

1970년대의 공룡 르네상스까지 100년 이상 동안 공룡을 보는 시각에는 큰 변화가 없었다. 그사이에 알이 발견되는 등 몇몇 사건은 있었지만 파충류인 공룡이 알을 낳았다는 것 자체는 크게 놀랍지 않았다. 그 후 공룡 르네상스가 찾아오면서 공룡은 활발하고 항온성이었다는 등 파충류와는 상당히 달랐다는 사실이 알려지게 되었다.

그리고 1990년대에 공룡 이미지를 또 한 단계 크게 바꾸는 사건이 일어났다. 화석에서 깃털 흔적을 확인할 수 있는 공룡, 이른바 '깃털공룡'이 발견된 것이다. 1996년 중국 랴오닝성에서 소형 수각류인 시노사우롭테릭스의 화석이 발견되었다. 이 화석은 보존 상태가 매우 좋아서 머리부터 등과 꼬리까지 깃털이 있었던 흔적이 확인되었다.

그 후에도 중국에서 잇따라 깃털공룡의 화석이 발견되었다. 1998년에는 깃털공룡에 대한 첫 논문이 발표되었고, '공룡에는 깃털이 있었다'는 사실이 설득력을 얻기 시작했다. 깃털에는 보온 효과가 있다는 사실로 미루어봤을 때 공룡이 항온성이었다는 것도 다시금 확인되었다.

기술의 발달로 불가능했던 일이 가능해졌다

공룡이 깃털로 뒤덮여 있었다는 사실은 공룡이 파충류와 같은 피부를 갖고 있었을 거라는 오랜 이미지와 꽤 동떨어졌으므로 처음에는 받아들이기 어렵다고 느끼는 사람도 적지 않았던 모양이다.

깃털은 특수한 조건에서만 화석으로 남기 때문에 깃털공룡이 발견된 지역은 한정되어 있다. 그런 이유도 있어서 그런지 발견되기 시작할 즈음에는 화석이 날조된 것이 아닌가 하고 의심하는 목소리도 있었을 정도다.

그러나 이제 공룡에게 깃털이 있었다는 것은 정설이 되었다. 소형 수각류뿐만 아니라 대형 수각류나 초기 조반류에서도 깃털 흔적이 인정되는 화석이 발견되었기 때문이다. 이런 사실이 밝혀졌는데도 현재 영화 등에 나오는 공룡에는 깃털이 없는 것이 많은 듯하다. 깃털공룡의 발견을 계기로 지금까지 베일에 싸였던 공룡의 색깔을 알 수 있게 되었다는 것은 2장에서 설명했다.

근래 들어서는 다양한 기술이 발전하면서 공룡의 실상이 줄줄이 추가로 밝혀지고 있다. 컴퓨터단층촬영으로 뼈 내부를 자세히 관찰하게 되면서 용각류 목뼈 속에 구멍이 숭숭 나 있었다는 사실이나 파키케팔로사우루스의 머리가 박치기를 견딜 만큼 튼튼하지 않았다는 사실 등 새로운 진실이 밝혀졌다는 것이 그 예이다. 또한 공룡 뼈에 어떤 특징이 있는지 컴퓨터로 비교해 공룡의 계통 관계도 풀어내게 되었다.

공룡 연구의 카리스마, 폴 세레노
화석을 발굴할 때는 많은 사람이 팀을 짜서 움직인다. 그래서 공룡 연구자에게는 팀을 이끄는 리더로서 카리스마가 필요하다. 여기서는 공룡 연구자의 본보기가 될 만한 인물인 시카고대학 고생물학 교수 폴 세레노를 소개하겠다. 나와 나이가 비슷한 그는 현재 세계에서 가장 유명한 공룡 연구자다.

그는 아메리칸드림을 이룬 인물이라고도 할 수 있다. 1980년 대에 아직 논문 한 편 쓴 적 없는 컬럼비아대학원생 세레노는 내셔널지오그래픽협회에 제출한 연구 계획서를 인정받았다. 그리고 연구자로 아무 실적이 없는데도 지금 가치로 환산하면 몇억 원에 이르는 연구비를 받았다.

그는 동서 냉전기에 구소비에트연방(현재의 러시아), 몽골, 중국 등으로 향함으로써 서쪽 나라에서는 처음 공산권에 들어간 공룡 연구자가 되었다. 그 당시에는 정치적 이유로 동서 간 학문 교류가 단절되어 있었으므로 서쪽 연구자에게 공산권에서 발굴된 공룡의 화석이란 철로 만들어진 커튼처럼 굳게 닫힌 존재였다. 거기에 바람구멍을 뚫은 사람이 바로 세레노였다.

그는 공산권에 존재했지만 알려지지 않았던 여러 화석을 보며 깜짝 놀랄 만한 다양한 사실을 관찰하고 기록했다. 베를린 장벽이 존재했던 당시 미국인인 그가 소련이나 중국에 들어가 정보를 알아냈다는 사실에 놀랐는데, 평범한 학생이었던 것이 오히려 득이 되어 그 나라들이 방심했는지도 모른다.

물론 세레노의 인간적 매력이나 공들인 문장 표현도 한몫했다. 그를 만나 매료되지 않은 사람은 없을 것이다. 그의 연구 계획서는 머리에 쏙쏙 들어와 후원자들의 마음을 사로잡았다. 공산권

국가 앞으로 보낸 편지에도 설득력이 있었을 것이다.

세레노는 이 여행에서 얻은 견문을 바탕으로 공룡의 진화를 밝혀내는 중요한 단서가 될 계통 복원을 하면서 공룡 연구 세계에 화려하게 데뷔했다. 그가 컬럼비아대학원에 다닐 때 지도교수였던 유진 개프니 박사는 거북류 화석에서 세계적 권위자였는데, 나는 거북 연구를 할 때 그에게 푹 빠졌었다.

개프니는 세계 최대 자연사박물관인 미국 자연사박물관의 큐레이터이기도 했다. 그는 박물관 수장고의 여벌 열쇠를 시원시원하게 내밀고는 아무 때나 박물관에서 자유롭게 연구해도 된다고 했다. 정말 평온한 시절이었다.

어느 날 개프니 연구실에 갔더니 개프니는 퇴근했고 당시 대학원생이었던 세레노가 있기에 새벽까지 그와 이야기를 나눴다. 세레노는 독학으로 공룡 연구를 한다고 했다. "진(개프니 박사의 애칭)은 공룡을 싫어하는 모양이야. 가르쳐주지 않거든"이라고 농담 섞인 어조로 하소연했다. 박물관 수장고에는 화석이 아주 많아서 연구 재료와 의욕만 있으면 혼자서도 공부할 수 있었다.

지층으로 공룡 화석의 생성 연대를 알 수 있다

지층의 시대를 판정할 수 있는 편리한 생물 화석

공룡 연구는 화석을 발굴하는 것으로 시작한다. 여기서는 화석을 포함하는 지층을 설명하겠다. 지층은 바다나 호수나 강의 바닥에 쌓인 모래나 진흙 또는 자갈(돌멩이)이 쌓여 생긴 '퇴적암'이라 불리는 암석을 말한다. 지층에는 해저에 쌓여서 생긴 '해성층'과 육상에 쌓여서 생긴 '육성층'이 있다.

지층은 '층'을 기본 단위로 하는데, 층을 여러 개 모은 것을 '층군'이라고 한다. 지층의 이름으로는 일반적으로 연구 조사의 기초가 된 지명이 사용된다. 예를 들면 내가 조사하는 이시카와현의 구와지마층(桑島層)은 화석을 포함하는 지층이 있는 집락인 구와지마라는 지명에서 유래한 명칭이다. 지층은 구성하는 바위의 종류나 시대, 발견되는 화석, 지역 등으로 구분한다.

이 책에서는 공룡이 각각 어느 연대에 서식했는지 언급했다. 서식 연대는 그 화석이 포함된 지층의 연대로 유추할 수 있다. 지층의 연대를 조사하는 방법은 두 가지가 있다.

첫 번째는 '상대연대측정법'이라는 방법인데, 지층에 포함된 특정 생물의 화석으로 지질 시대를 결정하는 것이다. 생물은 진화와 멸종을 반복해왔으므로 지층에서 발견된 화석의 종류도 시대에 따라 다르다. 이 성질을 잘 이용하면 특정 화석에 따라 시대를 판정할 수 있다. 시대 판정에 자주 사용되는 화석은 '표준 화석'이라고 불린다. 그 조건으로는 다음을 들 수 있다.

① 화석으로 많이 발견되어야 함
② 분포 범위가 넓고 같은 종류가 세계 각지에서 발견되어야 함
③ 진화 속도가 빠르고 존재했던 시기가 한정되어야 함

표준 화석은 대부분 해저에 쌓인 지층인 해성층에서 발견된다. 전 세계 바다는 이어져 있으므로 해면을 떠다닐 수 있는 동물은 해류로 옮겨져 쉽게 널리 분포할 수 있다. 유공충이나 방산충 등

미생물 화석은 표준 화석으로는 우등생이다. 이러한 미생물은 수명이 짧고 세대 교대가 빠르므로 모양이 바뀌는 진화 속도도 빨라서 지층을 잘게 나눠 대비할 때 편리하다. 화석 수집가들이 좋아하는 암모나이트도 전 세계에서 같은 종류가 발견되는 경우가 많아 시대 판정에 크게 공헌한다.

또한 우즈베키스탄 등 중앙아시아나 모로코에 분포하는 백악기 지층에서는 상어 이빨 화석이 시대 판정에 이용된다. 상어는 골격이 연골로 되어 있어 거의 이빨만 화석으로 남아 있는데, 이것이 시대를 결정하는 데 도움이 된다.

한편, 전 세계 육지에 종류가 같은 생물이 살았을 수는 없으므로 육상에 쌓인 지층인 육성층으로는 광범위한 지역에서 시대를 대비하기가 어려워진다. 예를 들어 북아메리카의 티라노사우루스와 가장 가깝다고 분류되는 공룡은 몽골에서 발견된 타르보사우루스인데, 종류가 달라서 두 공룡이 완전히 똑같은 시대에 살았다고 단정할 수는 없다.

육성층이 표준 화석을 포함한 해성층에 끼워져 있으면 시대를 대강이라도 결정할 수 있다. 북아메리카나 일본의 지층은 대부분 그런 구조로 되어 있다. 그러나 몽골에서는 바다의 지층을 찾지 못하므로 시대를 대략 결정하기도 어렵다. 몽골에서 발견되는 공룡 화석은 보존 상태가 좋기로 유명한데, 한편으로 정확한 시대를 결정할 수 없다는 면이 불리하게 작용하기도 한다.

　구와지마층을 포함한 데토리층군(手取層郡)에서는 식물이나 동물의 화석이 많이 발견되는데, 시라야마(白山) 주변 지역(이시카와현, 후쿠이현, 기후현, 도야마현) 여기저기 흩어진 지층을 대조하고 비교할 때 쓸 화석이 부족하다는 점이 연구자에게는 고민의 씨앗이었다. 그러나 각지에서 발견되는 거북 화석을 조사해 보면 시대가 흐르면서 모양이나 종류가 크게 바뀌었다는 사실을 알 수 있다. 즉, 거북 종류를 결정하게 되면 시대 판정으로 이어질 가능성이 있다. 거북은 움직임도 진화 속도도 느려 '살아 있는 화석'으로 보일 수도 있지만 모양을 바꿔야 할 때는 확실히 바꾸는 동물이다.

화석이나 용암으로 시대를 판정하다

지질 시대를 결정하는 두 번째 방법은 '절대연대측정법'이라고 불리는데, 화석이 아니라 지층에 포함된 방사성 물질의 성질을 이용하는 것이다. 방사성 물질은 무거워서 지하의 마그마에 많이 들어 있다. 따라서 마그마가 땅 위로 뿜어져 나와 생긴 화산암(화산암이나 용암)에는 우라늄 등 방사성 물질이 많이 포함되어 있다.

방사성 물질은 방사선을 내보내면서 시간이 지남에 따라 일정한 비율이 다른 원소로 변한다고 알려져 있다. 우라늄은 납으로 변하는 성질이 있어 화산암에 들어 있는 우라늄 양이 점점 줄어드는 한편, 납의 양은 늘어난다. 따라서 우라늄과 납의 양이 각각 얼마나 되는지 비율을 알면, 마그마가 지상으로 뿜어져나와 굳은 시기를 알 수 있는 것이다.

그러나 지상 어느 곳에나 화산암이 존재하는 것은 아니다. 일본처럼 화산 활동이 활발한 지역에는 화산암이 존재하지만, 몽골처럼 안정된 대륙 내부에서는 찾아볼 수 없다. 이런 이유도 있는 탓에 몽골에서 발견되는 훌륭한 공룡 화석들은 상세한 연대를 알기가 매우 어려운 것이다.

공룡이 살던 시대에 일본은 섬이 아니라 대륙 가장자리에 있었는데, 공룡이 발견되는 지층 근처에서도 겹겹이 쌓인 화산재가 종종 발견되는 것을 보면 그 당시에도 화산 활동이 활발했던 모양이다.

내가 발굴 조사를 나가는 이와테현 구지시 지층[다마가와층(玉川層)]이 마침 그러하다. 공룡 등 화석이 많이 발견되는 '공룡 무덤' 위를 약 9,000만 년 전의 연대를 나타내는 화산재가 덮고 있다. 일본에서 발견되는 공룡 화석은 대부분 단편적인데, 정확한 연대를 알 수 있다는 면에서는 세계에서도 으뜸이다. 생물 진화를 이해할 때 시간이 아주 중요한 요소라는 사실을 생각하면, 일본 화석이 가져다주는 정보는 아주 귀중하다고 할 수 있다.

전 세계에서 가장 유명한 공룡 화석들

벨로키랍토르와 프로토케라톱스의 격투 화석

발견된 화석 중에서 보존 상태가 좋은 것은 손에 꼽을 정도다. 그런 화석은 자료로서 가치도 높아서 많은 연구자가 참고하고, 또 공룡을 좋아하는 사람들에게 주목을 받아 유명해진다. 그런 공룡 화석 세계의 스타를 소개하겠다. 먼저 2장에서도 이야기했지만, 몽골에서 발견된 일명 '격투 화석'이다.

그 이름대로 소형 수각류인 벨로키랍토르와 소형 각룡류인 프로토케라톱스가 격투를 하는 듯한 상태로 발견된 화석이다. 벨로키랍토르가 뒷다리로 프로토케라톱스의 몸을 걷어차고 있고, 프로토케라톱스도 벨로키랍토르의 앞다리를 물려고 하는 것처럼 보인다.

공룡이 혼자서 화석으로 남는 경우만 있는 것은 아니라서 거기에 나타난 상황까지 합쳐 보존될 때가 있다. 다른 공룡이 옆에서 같이 화석이 되었다면 어느 위치에 어느 상태로 있었는지에 따라 그들 공룡의 관계성을 추측할 수 있다.

그야말로 생생한 격투 장면으로 보인다고 해서 인기가 많은 화석인데, 사실 격투를 하고 있는지 아닌지는 분명하지 않다. 격투를 펼쳤을 가능성이 있다는 이야기지 그것이 결론은 아니다.

오비랍토르로 이름 붙인 화석

화석이 보여주는 상황으로 봤을 때 심한 오명을 쓴 공룡으로 유명한 것이 소형 수각류인 오비랍토르이다. 오비랍토르라는 이름은 '알 도둑'을 뜻한다. 이 공룡의 화석은 프로토케라톱스 것으로 보이는 알 근처에서 발견되었는데, 알을 훔쳐 먹으려 한다는 오해를 받아 이런 이름을 얻게 되었다.

그러나 그 후 오비랍토르와 계통이 가까운 키티파티가 알에 뒤덮인 상태에서 화석으로 발견되었다. 그 알을 조사해봤더니 안에는 키티파티 새끼가 있었다. 처음에 발견된 오비랍토르도 다른 공룡의 알을 훔치려고 하기는커녕 자기 알을 둥지로 데려와 품고 있었을 가능성이 높다. 그래서 현재는 오비랍토르를 오해로 생긴 이름으로 추측하게 되었다. 그러나 한 번 정해진 학명을 바꿀 수 없으므로 오비랍토르는 지금도 이 불명예스러운 이름으로 불리고 있다.

백악기 후기 몽골에서 서식했던 오비랍토르는 볏이 달린 소형 수각류다. 이빨이 전혀 없는 대신 부리가 두꺼워 씹는 힘이 상당히 강했으므로 조개나 솔방울이나 열매처럼 딱딱한 먹이를 먹었을 것으로 추측된다. 발가락은 세 개 있는데 발톱이 날카로워 육식이나 잡식이었을 가능성도 있다. 식물만 먹는다면 날카로운 발톱은 필요 없다. 다른 공룡의 알도 눈에 띄면 먹었을 수 있겠지만 주식으로 삼았을 리는 없다. 역시 '알 도둑'이라는 이름은 누명이라고 할 수 있겠다.

오비랍토르나 키티파티 화석은 새가 알을 품는 습성이 그 시점에서 이미 발달했다는 사실을 나타내는 중요한 증거가 되었다.

100억 원짜리 화석

얽힌 사람들도 포함해 기구한 운명에 놀아난 화석이 있다. '수(Sue)'라는 이름이 붙은 티라노사우루스의 화석이다.

1990년 미국 사우스다코타주 블랙힐스 지질학연구소의 화석 발굴에 동행했던 수전 헨드릭슨이 이 화석을 발견했는데, 그 애칭을 그대로 붙여 이름이 수가 되었다.

티라노사우루스 화석 중에서는 가장 보존 상태가 좋은 데다 크기도 가장 크다. 그 말인즉, 학술적으로는 물론 금전적 가치도 상당히 높다는 뜻이다.

그 사실을 안 발굴지 땅 주인이 수의 소유권을 주장하며 블랙힐스 지질학연구소 대표 피터 라슨을 상대로 소송을 제기했다. 재판 결과 '화석은 부동산이다'라는 놀랄 만한 판결이 나와 땅 주인의 주장이 인정되면서 라슨은 체포되었고 수는 압수당하고 말았다.

그 후 땅 주인은 수를 경매에 내놓았는데 맥도날드와 디즈니가 공동으로 낙찰을 받았다. 그 당시 환율로 무려 100억 원 정도나 되는 가격에 말이다. 화석에 매겨진 값으로는 사상 최고 금액이었다. 이 뉴스는 당시 신문 한 면을 가득 채울 만큼 큰 화제가 되었다.

낙찰받은 두 회사는 수를 필드 자연사박물관에 기증했다. 이렇게 해서 수의 학술적 연구가 다시 가능해진 덕분에 성장 속도나 뇌 구조 그리고 부상 치유 상황 등이 밝혀졌다. 수의 소유권을 둘러싼 재판에서 유죄 판결을 받은 라슨 씨는 나도 미국 학회에서

가끔 만나는데, 인상이 상당히 좋은 사람이다. 사실 수의 값을 안 땅 주인이 수완 좋은 변호사를 고용해 트집을 잡듯이 소송을 걸었고, 수를 압수해 땅 주인과 변호사가 크게 한몫 챙겼다는 이야기로 보인다.

한편 다른 박물관 관계자는 라슨 씨가 외국(일본이라고 지목)에 수를 매각하려고 했는데, 그것을 저지하려고 미국연방수사국(FBI)이 조사한 배경이 있다고 했다. 라슨 씨 본인은 수를 매각할 생각은 털끝만큼도 없었고, 모략에 빠져 수를 일방적으로 빼앗긴 피해자라고 주장했다. 화석이 경매에 나왔다는 말이 이상하게 들리는 사람도 있겠지만, 옳고 그른 것은 둘째치고 현실에서 화석은 상품으로 유통되며 당연히 경매에 나오기도 한다.

수가 자금력 있는 대기업의 도움으로 매입되어 학술기관 아래로 돌아갔다는 것은 결과적으로 다행이었다. 만약 땅 주인이 소유해서 그대로 블랙힐스 지질학연구소에 놔두었다면 수에 대한 자세한 정보는 얻을 수 없었을 것이다. 후쿠오카현 기타규슈시립 자연사역사박물관에 수의 전신 골격을 복제한 표본이 있어 그 모습을 확인할 수 있다.

일본의 공룡 제1호 니폰노사우루스

내가 학생이었던 1970년대에는 일본에서 공룡 화석이 발견될 가능성이 없다는 의견이 많았다. 그런데 현재 북쪽으로는 홋카이도부터 남쪽으로는 규슈까지 열아홉 지역에서 공룡 화석이 확인되었다. 이렇게 공룡 화석이 갑자기 많이 나온 것은 화석에 관심 있는 사람이 늘어나면서 열심히 탐색한 덕분이다.

일본에서는 1934년 당시 일본령이었던 미나미카라후토(사할린섬 남부)에서 병원을 건설하다가 화석이 발견되면서 공룡 발견 역사가 시작되었다. 이 화석을 홋카이도 데이코쿠대학(현재 홋카이도대학) 교수 나가오 다쿠미 박사가 1936년 새로운 속 새로운 종의 공룡 '니폰노사우루스 사할린엔시스'로 보고했다. 이 공룡은 백악기 후기에 번성한 오리주둥이 공룡의 일종으로 머리뼈 일부 등을 포함해 온몸의 약 40퍼센트가 남아 있다. 그러나 니폰노사우루스 이후 일본에서는 오랫동안 공룡 화석이 발견되지 않았다.

나는 이 니폰노사우루스와 인연이 있다. 1980년 9월, 교토대학 대학원에 들어가려고 입학시험을 본 적이 있다. 필기시험을 마치고 면접이 있었는데, 면접실에서 면접관이 어떤 화석을 내 앞에 내밀었다. 면접관은 나에게 가르침을 주었던 교토대학 가메이 다다오 교수였다.

"이게 무슨 화석인지 알겠어요?"

가메이 교수의 질문에도 내 눈에는 그게 정체를 알 수 없는 커다란 동물의 뼈로만 보였다. 대답을 하지 못하고 우물쭈물했더니 교수가 말했다.

"이걸 모르다니 안 되겠네요."

교수의 단호한 한마디로 면접은 끝났다.

그 화석이 바로 니폰노사우루스의 이빨이 박힌 턱 일부였다. 당시 가메이 교수가 니폰노사우루스를 복원하는 일에 참가하게 되어 홋카이도대학에서 교토대학으로 화석을 보낸 것이다. 나무

상자에 들어 있던 그 화석을 표본실에서 잠깐 본 기억은 있었다. 나는 풀이 완전히 죽었는데, 다행히 합격했다. 연구자로 공부할 수 있게 되어 안도하며 가슴을 쓸어내렸다.

모시용에서 시작된 공룡 발견 붐

니폰노사우루스 이후 공룡 화석이 일본에서 처음으로 발견된 때는 1978년이다. 그 당시 도쿄대학 대학원생이었던 가세 도모키 씨가 이와테현 산리쿠해안에서 고생물을 조사하던 중 절벽 위에 있던 화석을 찾아냈다. 그것은 길이가 1미터 정도 되는 용각류의 위팔뼈(상완골)였다. 이 공룡은 발견 장소인 이와이즈미초 모시에서 이름을 따와 '모시용'이라며 친근하게 불렀다.

가세 씨는 머리 위로 4미터 정도 되는 높이의 절벽을 아래에서 올려다보다 거기에 화석이 있다는 걸 바로 알아챘다고 하니 놀랍다. 그는 그 후 국립과학박물관 연구원을 거쳐 일본 고생물학회 회장을 맡는 등 학회의 인사가 되었다.

모시용이 발견된 후 일본 각지에서 해마다 공룡 화석이 나오기 시작했다. 많은 사람이 '찾아보면 공룡 화석은 반드시 있을 거야'라고 생각해서 본격적으로 조사를 시작했고, 공룡 화석이 실제로 어떤 것인지 알게 된 덕분에 그렇게 많이 나온 것 같다.

2019년 정식으로 보고된 카무이사우루스를 포함해서 9속 9종이나 된다.

일본 이름은 일본에서만 쓰이는 이름인데, 학명이라는 것은 새로운 종으로 인정되어 세계에서 공통으로 부를 이름이 생겼다는 뜻이다. 게다가 새로운 종으로 곧 보고될 공룡이 여럿 대기하고 있으니 공룡 연구가 궤도에 올랐다고 할 수 있다.

일본의 공룡은 어디에서 왔나

'일본에 살던 공룡은 어떻게 대륙에서 건너왔을까'라는 질문을 받을 때가 있는데, 애초에 공룡이 살던 시대에는 바다가 없어 일본은 대륙, 즉 지금으로 따지면 러시아 연해주의 일부일 뿐이었다. 그러니 공룡 화석이 일본에서 발견되는 것은 당연한 일이다.

동해는 지금부터 약 1,500만 년 전, 공룡이 멸종하고 5,000만 년이 지났을 때 생겼다. 대륙 깊은 곳에 거대한 단층이 생겼고 그 갈라진 틈이 단기간 점점 벌어지면서 바다가 흘러들어와 동해가 생겼다고 추측된다. 이렇게 대륙 가장자리에 지각 변동이 일어나 생긴 바다를 연해(緣海)라 하는데, 카리브해나 남중국해도 이러한 연해이다.

거대한 화석벽을 발굴하다

화석벽에서 만나다

내가 실제로 공룡 화석을 발굴 현장에서 처음 접한 것은 이시카와현 시라미네무라(白峰村, 현재의 하쿠산시)에서 조사했을 때였다. 시라미네무라에는 화석벽(化石壁, 화석이 많이 발견된 일본 구와지마의 특정 화석 산지에 붙인 이름-옮긴이)이라고 이름 붙인 백악기 전기(약 1억 3,000만 년 전)의 지층 데토리층군 구와지마층이 있다. 에도시대 말기인 1850년대에는 화석벽에서 채집한 식물의 잎 화석이 독일에서 출판된 과학 잡지에 보고되었다. 이는 화석의 학술적 보고로는 일본에서 가장 오래되었다. 또한 화석벽이 있는 절벽은 국가가 지정한 천연기념물로 보호되고 있다.

1997년 화석벽 안쪽에 터널을 파는 공사를 할 때 많은 화석이 들어 있을 것으로 보이는 암석이 수백 톤이나 나왔다. 현재 이시카와현립 시라야마로쿠 민속자료관장인 야마구치 이치오 씨 팀의 노고 덕분에 그 암석들을 마을 안에 보관하게 되었고, 화석이 있는지 꼼꼼히 조사하기 위해 화석 조사단이 결성되었다.

나는 이 조사단에 거북류 전문가로 참가했다. 조사 결과 공룡뿐만 아니라 거북이나 도마뱀류, 어류, 포유류 등 20종류 이상 수천 점에 이르는 척추동물 화석의 존재가 밝혀졌다. 나 역시 큰 육식 공룡의 이빨을 찾았다. 화석벽에서 찾은 화석은 지금도 지바현립중앙박물관 단장 이사지 신지 씨를 필두로 조사를 이어가고 있다.

재해를 입은 구지에 빛을 가져다준 익룡

나는 이와테현 구지에서 화석 발굴 조사를 하고 있다. 나와 구지 화석은 2005년 인연이 시작되었다. 구지 호박박물관에서 당시 관장을 맡았던 사사키 가즈히사 씨가 '뼈로 보이는 화석이 발견되었으니 조사해달라'며 화석을 보내주었다. 그 화석을 조사해보니 멸종된 담수생물인 아도커스라는 거북류의 등딱

지였다. 그리고 2006년 7월 처음으로 구지를 찾아가 박물관에서 이 발견에 대한 언론 발표를 했다.

2008년 6월에는 길이가 50센티미터 가까이 되는 아도커스의 거의 완전한 등딱지를 사사키 씨가 발견했다. 이들 화석은 구지 층군 다마가와층이라 불리는 지층에서 발견되었다. 이 지층은 공룡이 살았던 백악기 후기에 생긴 것으로 밝혀져 있었으므로 곧 공룡 화석도 발견될 거라고 예상했다.

그리고 같은 해 9월, 사사키 씨가 조반류의 허리뼈 일부(좌골)를 발견했다. 2010년에는 구지 호박박물관 다키자와 도시오 씨가 익룡의 날개 일부를 발견해 내가 감정을 맡았다. 이때 언론 발표는 동일본 대지진이 발생하고 얼마 지나지 않은 2011년 7월 구지 호박박물관에서 열렸다. 구지도 지진으로 큰 피해를 본 상황이었기에 이런 시기에 화석 발표를 해도 되나 싶어 많이 긴장했다. 그런데 그곳에 모인 보도진은 오랜만에 날아온 밝은 소식에 열광했고, 이튿날 지역 신문에도 크게 보도되었다.

다마가와층에 포함된 화산재를 연대 측정한 결과 지금부터 약 9,000만 년 전 지층이라는 사실을 최근에야 알게 되었다. 연대 측정에서 공동 연구자 우노 히카루 씨(와세다대학)에게 큰 신세를 졌다.

호박과 공룡이 같이 발견되는 희귀한 장소

나는 새로운 화석을 발견해 힘이 되는 뉴스를 전하고 싶은 마음으로 이 땅에서 본격적인 발굴 조사를 시작했다. 2012년 3월 21일, 구지 다마가와층 화석 산지에서 시작된 발굴 조사에 참가한 사람은 15명이다. 발굴 장소는 2011년 사사키 씨가 발견한 공룡 무덤(본베드)이다. 공룡 무덤이란 뼈가 좁은 장소에 밀집된 특별한 지층을 말한다.

다마가와층 공룡 무덤은 지층이 매우 부드럽다는 특징이 있다. 일본에서 공룡 화석이 발견되는 지층은 대부분 매우 딱딱한 암석으로 되어 있어 거대한 망치나 강철 끝을 사용해야만 깰 수 있다. 그러나 다마가와층 지층은 삽으로 파낼 정도로 부드러웠다.

또 하나 특징은 호박이 대량 포함되어 있다는 점이다. 호박은 나무에서 흘러나온 수액이 지층 안에서 굳은 화석의 일종인데, 안에 곤충 등 작은 생물 화석이 들어 있을 때가 있다. 구지의 호박은 조몬시대(기원전 13,000년~기원전 300년)부터 사람들에게 알려졌으며, 장식품으로 멀리 간사이까지 옮겨졌다고 한다.

다마가와층 호박은 매우 커서 가장 큰 것은 무게가 20킬로그램이나 되었다. 화석 발굴 작업이 한창일 때도 주먹 크기 정도 되는 호박이 매일 여러 개씩 나왔다. 원래는 수액일 뿐인 호박이 왜 이렇게 커졌는지 그 이유는 알 수 없다. 이렇게 큰 호박이 나오는 곳은 전 세계에서도 구지뿐인 듯하다. 구지 호박에서도 곤충 화석이 많이 확인되었는데, 자세한 연구는 이제 시작 단계이다.

발굴 조사에 참여한 사람들은 모두 초반에 호박을 발견했을 때는 소리를 지르며 기뻐했지만 시간이 갈수록 '뭐야, 또 호박이야?'라는 반응으로 바뀌었다. 구지는 호박과 공룡 화석이 동시에 발굴되는 세계에서도 드문 곳이다. 구지 호박박물관은 호박으로 만든 장식품 등을 다루는 국내 유일의 기업이자 구지 호박 관련 시설로, 일반인이 호박 채굴을 즐길 수 있는 호박 채굴 체험장도 운영하고 있다.

화석을 찾는 비결

화석을 찾을 때 초보자는 '돌과 화석이 구분되지 않는 문제'와 맞닥뜨린다. 몽골의 사막 등에서 발견되는 공룡 화석은 모암이라 불리는 주변 지층에서 씻겨 내려와 지표에 굴러다니는 것이 많아서 초보자도 간단히 찾을 수 있다. 그러나 일본에서는 화석이 딱딱한 바위 속에 갇혀 있는 경우가 많아서 뼈나 이빨의 일부분만 드러나 있다. 게다가 살아 있는 동물의 뼈나 이빨처럼 하얗지 않고 새까맣게 변색된 것이 많아서 색만 보면 주변 지층과 거의 구별되지 않는다.

뼈나 이빨을 평범한 돌과 구별하려면 단면 구조를 봐야 한다. 뼈 내부에는 해면질이라 불리는 벌집 모양 구조가 있다. 이빨도 딱딱한 에나멜 재질 안에 상아질이라 불리는 부드러운 부분이 있다. 이러한 내부의 복잡한 구조는 살아 있을 때와 똑같이 화석이 된 뼈나 이빨에도 남아 있다. 아주 미세하므로 돋보기(확대경)가 있으면 편리하다.

또한 이빨은 에나멜 재질인 표면이 불투명한 유리처럼 보인다. 이빨은 뼈보다 딱딱해서 표면이 깨끗하게 남아 있는 경우가 많다. 그 때문인지 초보자들은 뼈보다 이빨을 더 찾기 쉬워한다.

용각류의 이빨을 발견하다

몸길이가 20미터인 용각류 이빨 발견

　2012년 있었던 발굴 조사 이야기로 돌아가보자. 3월이 끝날 무렵이었지만 눈이 많이 남아 있던 도호쿠의 얼어붙는 추위 속에서 먼저 대야로 강물을 떠서 지층이 노출된 곳 표면에 부어 눈을 씻어냈다.

　조사가 시작되고 이틀째인 3월 22일, 옆에 서 있던 오쿠라 마사토시 씨가 말을 걸어왔다. 오쿠라 씨는 일본에서 처음으로 티라노사우루스류 화석을 발견하는 등 귀중한 화석을 수없이 발견한 저명한 화석 사냥꾼이다.

"히라야마 씨, 이거 이빨 아닐까요?"

봤더니 부드러운 진흙 속에 이빨 끝부분이 고개를 슬쩍 내밀고 있었다. 진흙을 그대로 숙소 방으로 갖고 들어와 전체를 꺼내봤더니 사람 새끼손가락과 모양도 크기도 비슷했다. 새끼손가락의 손톱에 해당하는 부분이 평평하게 깎인 것이 특징적이었는데, 한눈에 봐도 용각류 이빨라는 사실을 알 수 있었다. 이빨 크기로 봤을 때 몸길이는 20미터 언저리로 추정되었는데, 이는 일본에서도 가장 큰 공룡이었다.

이 발견을 계기로 매년 3월 말과 8월 초에 약 일주일씩 집중 조사를 하고 있다. 조사 일수는 총 100일이 넘었으며, 지금까지 다마가와층에서 발견된 척추동물 화석은 2,000점 이상이고, 종류도 최소한 20종 이상에 이른다.

다마가와층은 백악기에 살았던 척추동물로 한정하면 이미 일본에서도 손꼽히는 화석 산지다. 다마가와층에서 발견된 척추동물 중에는 특히 거북과 악어 계통이 많은데, 둘을 합쳐 1,000점 이상 확인했다.

거북은 가장 큰 등딱지 크기가 약 70센티미터로 추정되는 아도커스 외에 자라나 돼지코거북 계통이 확인되었다. 아도커스 화석은 지금까지 북아메리카나 중앙아시아, 중국, 몽골 등에서 발견되었는데, 구지에서 발견한 것이 곧 새로운 종으로 보고될 예정이다(2020년 7월 현재).

가장 큰 악어는 몸길이가 4미터 정도로 추정된다. 악어 이빨은 딱딱한 뼈도 으깰 것처럼 끝이 둥근 모양인데, 거북을 등딱지까지 통째로 먹었을 가능성이 있다. 또 코리스토데라류라 불리는 악어와 도마뱀의 중간쯤 되는 파충류 화석도 확인되었다. 등뼈 일부만 발견되었는데, 그런 단편적 자료로도 종을 특정할 수 있다니 놀랍다. 코리스토데라류에 대해서는 마쓰모토 료코 씨(가나가와현립 생명의 별·지구박물관)가 연구하고 있다. 마쓰모토 씨에 따르면, 백악기 후기에 살던 코리스토데라류로는 아시아에서 처음 발견되었다고 하니 무척 귀중한 자료다.

거북의 크기나 다양성 그리고 악어의 존재는 모두 이곳이 1년 내내 습윤하고 온난한 열대 기후였다는 사실을 나타낸다. 호박이 많이 발견되는 이유는 수액을 대량 만들어내는 수목이 무성했다는 뜻일 것이다. 열대 숲속 사이로 굽이굽이 흐르는 강물이 머릿속에 그려진다.

용각류가 압도적으로 많은 이유

다마가와층에서 발견된 공룡은 총 50점 정도인데 그중 용각류가 이빨을 포함해 약 40점 정도로 80퍼센트 가까이를 차지한다.

2장에서 이야기했듯이 백악기 후기에 북반구에서는 오리주둥이 공룡이나 각룡류, 곡룡류 등 조반류 공룡이 다양화한 한편, 용각류는 그 수가 줄어들었다는 것이 일반적인 견해이다.

그러나 다마가와층에서는 용각류가 우세해서 쥐라기부터 백악기 전기까지 상황과 크게 다르지 않은 듯 보인다. 그 이유로는 식물 구성을 생각할 수 있다. 다마가와층에서 발견된 식물은 삼나무, 소나무, 은행나무 등과 같은 겉씨식물이나 양치식물이 압도적으로 많았고, 꽃을 피우는 속씨식물은 20퍼센트 정도밖에 없었다. 이는 주오대학 르그랑 줄리앙 씨 팀이 꽃가루와 홀씨를 조사하면서 밝혀졌다. 이 연구에는 나도 공저자로 이름을 올렸다.

속씨식물은 백악기 전기에 등장해 백악기 후기에 식물계에서 우세해졌다고 하는데, 다마가와층에서는 속씨식물이 늦게 번성한 모양이다. 용각류는 겉씨식물이나 양치식물을 주식으로 삼은 것으로 보인다. 그들이 이곳에서 계속 우세할 수 있었던 큰 이유는 좋아하는 음식이 없어지지 않았기 때문 아닐까? 또는 백악기에 번성했던 조반류는 속씨식물을 즐겨 먹었으므로 속씨식물이 적은 지역을 피해 떠났던 것인지도 모른다.

티라노사우루스류의 진화를 파헤칠 열쇠가 숨은 장소

다마가와층에서는 용각류 화석이 많이 발견되는 반면, 수각류 화석은 이빨이 두 개 발견되었을 뿐이다. 2018년 6월 이와테현 미야코시의 고등학생 가도구치 유키가 발견한 수각류 화석은 2019년 4월 내가 소속된 와세다대학에서 언론 발표를 하여 큰 화제에 올랐다. 고작 새끼손톱 정도 크기밖에 되지 않는 그 화석이 티라노사우루스류의 이빨이라는 사실이 밝혀진 것이다.

발견자 가도구치는 어떤 화석인지 전혀 몰랐던 모양인데, 아무튼 평범한 돌이 아니라는 느낌이 들어 근처에 있던 구지 호박 박물관 직원에게 화석을 맡겼다. 나는 그해 7월 박물관에서 화석 감정을 의뢰받았다. 그 결과 이빨 단면이 알파벳 D자 모양인 그 화석은 티라노사우루스류의 앞이빨이라고 해서 위턱뼈 앞니라고 판단을 내렸다.

티라노사우루스류는 티라노사우루스를 포함해 타르보사우루스, 구안롱, 딜롱 등 30종류 이상이 알려져 있다. 백악기 말(약 6,600만 년 전) 서식했던 티라노사우루스는 티라노사우루스류 중에서는 가장 마지막에 등장했다. 몸길이는 약 13미터로 거대하고 큰 머리에 비해 앞발은 작았으며 발가락은 두 개밖에 없었다.

그러나 티라노사우루스류 중에서도 선조(초기 형태)에 해당하는 쥐라기(약 1억 6,000만 년 전)의 구안롱이나 백악기 전기(약 1억

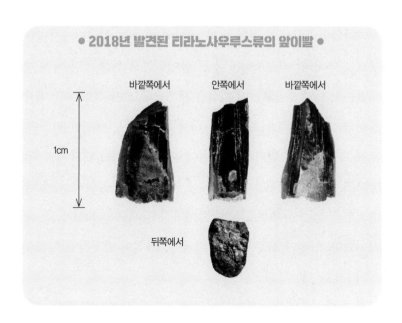

바깥쪽에서　　안쪽에서　　바깥쪽에서

1cm

뒤쪽에서

2,000만 년 전)의 딜롱 등은 몸길이가 10미터도 되지 않아 몸집이 작고 앞발은 비교적 크며 발가락은 세 개 있었다. 머리나 이빨도 가냘프고 호리호리했다.

　이처럼 초기 티라노사우루스류와 티라노사우루스는 특징이 크게 다르다. 다마가와층은 약 9,000만 년 전 생겼는데, 마침 이 시대에 티라노사우루스류 진화에 중요한 분기점이 있었을 것으로 추측된다. 세계적으로도 이 시대에는 티라노사우루스류 화석이 부족하다. 만약 구지에서 또 추가 자료가 발견된다면 티라노사우루스류의 진화 역사가 밝혀질 것으로 기대된다.

다마가와층에서 발견된 티라노사우루스류는 몸길이가 3미터 정도로 추정되는데, 그것이 다 큰 몸이었는지 성장 중인 어린 개체였는지는 알 수 없다. 이 화석은 새끼손톱 크기 정도 되는 이빨 하나였는데, 회견장이 된 와세다대학 회의실에는 취재진 50명 정도가 모여 뜨거운 열기를 뿜어냈다. 회견을 도와준 대학 홍보 담당자도 이렇게 많은 취재진은 처음 본다며 깜짝 놀랐다. 공룡 중에서도 '티라노사우루스'의 어마어마한 파괴력을 새삼 느낀 순간이었다. 언젠가 보존 상태가 더 좋은 화석이 발견되면 어떻게 될지 기대된다.

구지 다마가와층 공룡들을 꽁꽁 싸고 있던 베일을 벗기는 작업은 이제 막 한 발짝 내디뎠을 뿐이다. 공룡과 호박이 동시에 발견되는 이 보기 드문 장소는 머지않아 세계자연유산이 되어도 이상하지 않다. 그런 날이 오기를 꿈꾸며 이 땅의 발굴 조사를 이어갈 생각이다.

맺음말

이 책 후반에서는 지금도 조사가 한창인 이와테현 구지와 관련된 이야기를 많이 다뤘다. 구지의 다마가와층 발굴 조사는 내 평생 작업이 될 듯한 예감이 든다. 그만큼 매력이 큰 곳이다.

우리가 하는 조사는 많은 사람의 도움을 받고 있다. 특히 구지 호박박물관 다키자와 도시오 씨와 아쓰코 씨 부부, 구지시청 사사키 가즈히사 씨, 구지 호박주식회사 사장 아라타 히사오 씨에게는 현지에서 늘 큰 도움을 받고 있다. 현지 조사에서는 내 연구뿐만 아니라 전국 각지 대학에서 많은 학생이 참가해 발굴을 돕는다. 또 많은 공동 연구자에게도 협력을 받고 있다. 미쓰즈카 슌스케 씨(니혼 고에이주식회사)에게는 졸업 연구나 석사 과정에서 구지층군의 지질 조사를 할 때 많은 신세를 졌다.

오쿠라 마사토시 씨(일본 고생물학회)는 학회에서 공헌상을 받을 정도로 대단한 화석 사냥꾼인데, 구지에서도 처음으로 용각류 이빨 화석을 발견한 덕분에 그 후 조사에 활력을 불어넣었다. 우노 히카루 씨(와세다대학)는 화산재 연대 측정 등 화학 분석이나 탁월한 발상으로 크게 공헌하고 있다. 쓰이히지 다카노부 씨(국립과학박물관)나 구로스 마리코 씨(주고쿠지질대학)에게는 티라노사우루스류 등 공룡류 연구에서 큰 도움을 받고 있다. 마쓰모토 료코 씨(가나가와현립 생명의 별·지구박물관)에게는 코리스토데라류 연구에서 도움을 받고 있다.

이토 아이 씨(도쿄대학)에게는 악어류 연구를 부탁하고 있다. 미야타 신야 씨(조사이대학)에게는 상어류 화석 연구를 부탁하고 있다. 르그랑 줄리앙 씨(주오대학)나 다카하시 마사미치 씨(니가타대학)에게는 식물 화석에 대해 도움을 받고 있다. 에가와 요헤이 씨(PHP 에디터즈 그룹)와 호리에 레이코 씨에게는 이 책 집필에 많은 도움을 받았다. 이상 여러분에게 이 자리를 빌려 다시 한 번 감사의 말씀을 드린다.

히라야마 렌

참고문헌

대런 나이시·폴 배럿,《공룡 교과서》(ダレン·ナイシュ·ポール·バレット,《恐竜の教科書》, 創元社, 2019.

데이비드 E. 패스톱스키·데이비드 B. 웨이샴펠,《공룡 입문학》(D. E. Fastovsky·D. B. Weishampel,《恐竜学入門》, 東京化学同人, 2015).

히라야마 렌,《신설 공룡학》(平山廉,《新説 恐竜学》, カンゼン, 2019).

재밌어서 밤새 읽는 공룡 이야기

1판 1쇄 인쇄 2021년 5월 18일
1판 1쇄 발행 2021년 5월 25일

지은이 히라야마 렌
옮긴이 김소영
감수자 임종덕

발행인 김기중
주간 신선영
편집 정은미, 민성원, 이상희
마케팅 김신정, 최종일
경영지원 홍운선

펴낸곳 도서출판 더숲
주소 서울시 마포구 동교로 43-1 (04018)
전화 02-3141-8301
팩스 02-3141-8303
이메일 info@theforestbook.co.kr
페이스북 · 인스타그램 @theforestbook
출판신고 2009년 3월 30일 제2009-000062호

ISBN 979-11-90357-64-7 03470